DIY俱乐部 **35款**

最佳创意
钩针作品

DIY手工俱乐部会员 主编　朴智贤 审编

辽宁科学技术出版社
LIAONING SCIENCE AND TECHNOLOGY PUBLISHING HOUSE
·沈阳·

图书在版编目(CIP)数据

35款最佳创意钩针作品/DIY手工俱乐部会员主编
－沈阳：辽宁科学技术出版社,2010.9
ISBN 978－7－5381－6642－2

Ⅰ.①3 … Ⅱ.①D … Ⅲ.①钩针－绒线－服装－编织
－图集Ⅳ.①TS941.763－64

中国版本图书馆CIP数据核字(2010)第166666号

_____

出版发行：辽宁科学技术出版社
（地址：沈阳市和平区十一纬路29号　邮编：110003）
印　刷　者：利丰雅高印刷（深圳）有限公司
经　销　者：各地新华书店
幅面尺寸：185 mm × 225 mm
印　　张：5
字　　数：100千字
印　　数：1～10000
出版时间：2010年9月第1版
印刷时间：2010年9月第1次印刷
责任编辑：赵敏超
封面设计：幸琦琪
版式设计：幸琦琪
责任校对：刘　庶

_____

书　　号：ISBN 978－7－5381－6642－2
定　　价：25.80元

联系电话：024－23284367　赵敏超
邮购热线：024－23284502
E-mail:473074036@qq.com
http://www.lnkj.com.cn
本书网址：www.lnkj.cn/uri.sh/6642

敬告读者：
本书采用兆信电码电话防伪系统，书后贴有防伪标签，全国统一防伪查询
电话16840315或8008907799（辽宁省内）

025

030

Contents

本书作品
使用的针法
knitting Needle

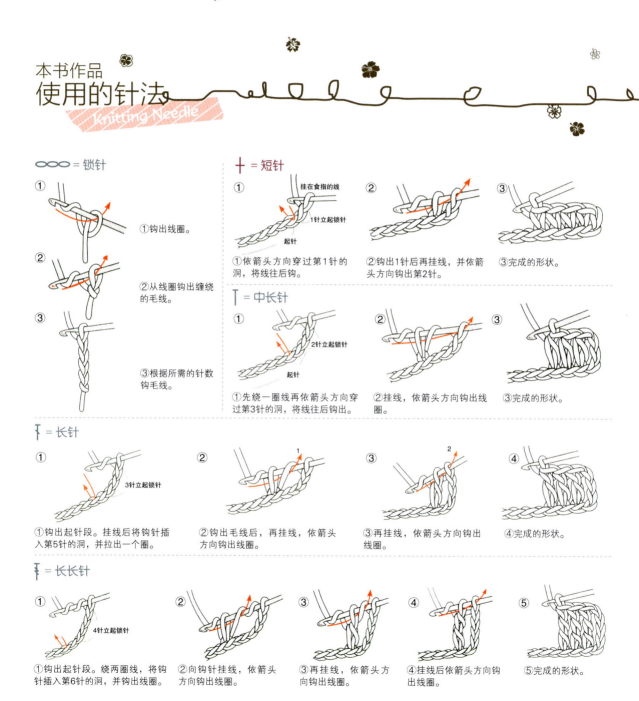

○○○○ = 锁针

① ①钩出线圈。

② ②从线圈钩出缠绕的毛线。

③ ③根据所需的针数钩毛线。

十 = 短针

① 挂在食指的线　1针立起锁针　起针

②

③

①依箭头方向穿过第1针的洞，将线往后钩。

②钩出1针后再挂线，并依箭头方向钩出第2针。

③完成的形状。

丅 = 中长针

① 2针立起锁针　起针

②

③

①先绕一圈线再依箭头方向穿过第3针的洞，将线往后钩出。

②挂线，依箭头方向钩出线圈。

③完成的形状。

𝖳 = 长针

① 3针立起锁针

② 1

③ 2

④

①钩出起针段。挂线后将钩针插入第5针的洞，并拉出一个圈。

②钩出毛线后，再挂线，依箭头方向钩出线圈。

③再挂线，依箭头方向钩出线圈。

④完成的形状。

𝖳 = 长长针

① 4针立起锁针

②

③

④

⑤

①钩出起针段。绕两圈线，将钩针插入第6针的洞，并钩出线圈。

②向钩针挂线，依箭头方向钩出线圈。

③再挂线，依箭头方向钩出线圈。

④挂线后依箭头方向钩出线圈。

⑤完成的形状。

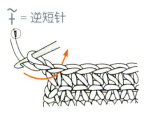 = 逆短针

① 依箭头方向插入钩针。

② 挂线后依箭头方向钩出毛线。

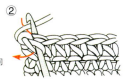

③再挂线，依箭头方向钩出线圈。

④完成的形状。

 = 1孔2短针

① 在同一个地方，用2针短针钩线。

②完成的形状。

 = 引拔针

① 依箭头方向插入钩针。

②挂线后依箭头方向钩出线圈。

③完成的形状。

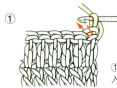
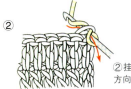

 = 短钩向后钩法

①从正面沿着箭头方向插入钩针。

②用短针钩线。

③完成的形状。

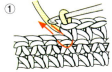

 = 长针的内钩针

①先绕一圈线再依箭头方向穿过第3针的洞，将线往后钩出。

②挂线，依箭头方向钩出线圈。

③完成的形状。

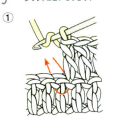
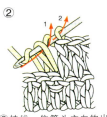

= 长针的外钩针

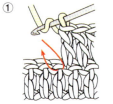
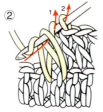
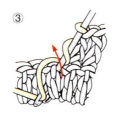
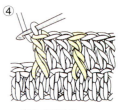

①挂线，依箭头方向插入钩针。　②沿着箭头方向钩线。　③每次钩2针，并连续钩2次。　④完成的形状。

= 逆长针的交叉针

①用长针钩法钩线。　②从背面向前1针插入钩针。　③接着第2步，用长针钩法钩线。　④完成的形状。

= 长针3针的枣针

①挂线，然后只钩2针。

②在一个地方重复3次，然后1次钩出所有的针。

③完成的形状。

= 长针的交叉针

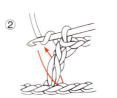

①用长针的钩法钩线。　②挂线后向前1针插入钩针。　③只钩2针。

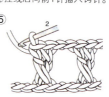

④再次钩2针。　⑤完成的形状。

= 长针5针的枣针

①用长针钩法钩线。

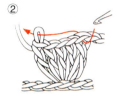

②用长针钩法钩线5次。

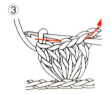

③挂线后依箭头方向钩线。

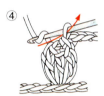

④重新挂线，然后再钩线。

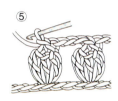

⑤完成的形状。

= 2短针并1针

①依箭头方向插入钩针。

②钩出1针，然后从侧面的孔插入钩针。

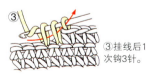

③挂线后1次钩3针。

④完成的形状。

= 平面针法

①翻转针织品。

②向锁针孔内插入钩针。

③挂线后钩线。

④再翻转针织品。

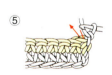

⑤用短针手法钩线。

⑥完成的形状。

= 圆筒钩法

①在第1针内插入钩针，然后挂线从第1针钩线。

②用锁针钩法钩一次，然后向锁针孔内插入钩针。

③挂线后钩线。

④完成的形状。

一袭白色的长裙，把贤淑的
气质衬托得更加贤淑，宛如一朵
清水芙蓉，不用过分地雕饰，却
散发出淡淡的迷人的清香。

素雅系
无袖长裙

细细的网眼，不但增添了魅力，也提高了衣服的透气效果。

素雅的腰带，系成美丽的蝴蝶结，提升了长裙高贵、淡雅的气质。

素雅的装扮恰如其分地展现出柔美的气质，散发出温柔的女性光芒。

搭配蕾丝花边的长裙，将女性的气质与时尚感完全体现出来，妩媚而动感，与众不同。

钩织特点：**素雅系无袖长裙**

1.非常漂亮的婚礼礼服，采用洁白的白色丝光棉线钩织。
2.这款衣服的难点就在于裙摆的8组花样，需各自单独钩织完成，要注意拼接边缘的圆滑连接。
3.裙身可以上拉至胸部，作为抹胸短裙穿，一裙两穿，很实用。

❀*introduction* **王裕霖**

最大的兴趣爱好就是编织，热爱编织就如同热爱自己的本职工作一样。希望能有着天天精彩的生活，能用善良、勤劳、灵巧的双手编织出自己精彩的人生。

飘逸款网格披肩

飘逸的网格披肩，气质端庄贤淑，无须过多的装饰，反而能更好地展现内在的美。

钩织心得：飘逸款网格披肩

  闲来无事，坐在家里，不紧不慢地做活，享受钩织的那种感觉：安然、温馨、柔和。柔柔的毛线在指间绕来绕去，密密匝匝，钩织成一件件称心如意的东西。随着岁月的流失，越来越觉得，能做自己喜欢的事，就是幸福。

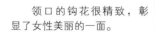

领口的钩花很精致，彰显了女性美丽的一面。

自然敞开的下摆，让整件披肩显得飘逸、灵动。

●introduction 刘淑琴

  从小就喜欢编织，但唯独喜欢钩织，比如披肩、小孩鞋、小动物等。有时候竟废寝忘食，"织织不倦"。爱编织，更爱生活。

P052

甜美款
方格披肩

钩织心得: **甜美款方格披肩**

　　永不褪色的灰色，让你回归秋季才有的落叶飘零感。衣袖的花纹与全身的花纹不同，是细密的小波浪，给人甜美的感觉。

　　夏秋交替之际，手工钩编的毛衣让人感觉格外贴心。张扬不失柔美的钩花花型、精细柔软的质地、素雅淡然的颜色，使得手编钩针衫成为女人味的最佳代言。

　　全衣统一的方格花纹，带来格子"条分缕析"的魅力。

精致的钩花吊带裙

简洁大气的连衣裙，将女人味和女孩气结合得很完美。淡雅的色彩、精致的钩花，仿佛是画中走出的美人，于古典中渗入现代的气息。

❀ PO53~055

❀introduction 羽之语

自小就很喜欢各类编织。小时候就喜欢偷偷捡着妈妈织剩下的毛线球来练手。希望有朝一日能有自己的服装品牌，让更多的人穿上我设计的服装。

深V领增添了女性的妩媚感，加入女性富有诱惑性的一面。

↑下摆的钩花不但精致，而且带来若隐若现的性感。

→前后深V领的设计，让颈脖显得更加修长，拉长脸部线条，让婴儿肥立即消失。

素雅的裙子，搭配太多的衣服，这样反而会破坏原来淡雅的风格，显得累赘，搭配浅色的鞋子即可。在小饰物上，可以用浅色的项链、手链等来点缀。

淑女款
碎花吊带裙

P056~057

裙子下摆大大的褶皱花边，与裙身细小的花纹成为对比，增加了裙子的飘逸感。

✳ 衣服的搭配建议

如果在穿着时再搭配条简单的链子，衣服显得更加高雅！

浅色吊带裙，若隐若现的性感，很全面地展现女性的柔美。胸前的钩花是蝴蝶结的形状，仿佛蝴蝶翩翩欲飞，提升了裙子的灵动性。

钩织心得：**淑女款碎花吊带裙**

喜欢钩织，喜欢自己设计，款式不仅新颖大方，而且每一件都包含着有趣的细节设计。在钩织的过程中，慢慢地释放自己的心情，生活真的很美好！

长裙作吊带处理，光洁的肩部和性感的锁骨裸露在空气中，显得性感优雅。

可爱款
吊带花纹长裙

那一袭长裙淡雅可爱，特别是有风的时候，长裙随风飘逸，整个人仿佛都灵动了起来，那可爱的装扮，像不像邻家的女孩？

P058~059

钩织技巧：**可爱款吊带花纹长裙**

花型的搭配很有讲究的，这就要求我们熟悉各种花型，了解各种花型的特点。有的花型越织，尺寸越大；有的花型越织，尺寸越小。我们在设计时，一定要考虑到花型对衣服的影响，根据自己的需要来搭配好花型。

优雅的V领休闲裙

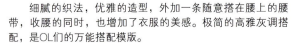
P060~061

宽大的造型设计，
给人宽松舒适的感觉，可
随意挥洒，不受衣服的束
缚，带来休闲的气息。

凉爽的秋日里，
穿上它，换一份好心
情，让温柔的钩针毛
衣疼爱你，让俏丽的
钩花陪伴你，诉说你
心中属于小女人的秘
密。还等什么，你也
来钩一套吧！

细腻的织法，优雅的造型，外加一条随意搭在腰上的腰
带，收腰的同时，也增加了衣服的美感。极简的高雅灰调搭
配，是OL们的万能搭配模版。

P062~063

空气仿佛透明，容颜和悦和舒适的吊带裙一起将浪漫的笑容轻轻挂在幸福的嘴角。

气质的V领休闲裙

宁静是阳光透过窗格晕染开的光影，惬意是简洁和雅致装点出来的欢愉，淡雅是杯子中散发出来的淡淡的茶香……

❉ 衣服的搭配建议

胸前的钩花，点缀出唯美的浪漫，将女性的气质与时尚感完全地体现出来，妩媚而典雅，与众不同。

柔软的颇有气质的裙子，搭配同样有气质的帽子，高贵的感觉扑面而来。

甜美的粉色公主裙

P064~065

波浪纹下摆增加了裙子的
动感。

钩织心得 甜美的粉色公主裙

人们心甘情愿地醉心于自己的编织世
界。在这即将到来的秋日里，为什么不试试
手工钩织毛衣呢？把心情钩进每一针里，把
爱意融入每一行中……等待你收获的，不光
是自己外在的美丽，还有内在的心灵美。

❋*introduction* qiaorui

自小喜欢手工，经常在家编织衣服，编织可
以打发闲暇的时光，缓解心情，静心养神，编织
让我变得很快乐。每当看到亲人穿着我编织的毛
衣，就有说不出的自豪感。

一样是纯色的装扮，让人感觉到柔和的春天般的笑容，
清新自然，散发出挡不住的清丽、纯美。

P065~067

钩织特点：妩媚的粉色套装
仔细看她会发现这款裙子的设计别具匠心。
上衣的前襟及下摆的花样设计，和大花理连接的
半圆花及银塔的设计都蕴含了精巧之处。

小小的编织
世界可以浓缩你
的喜怒哀乐，简
简单单一件毛线
衣能够封存你的
人生回忆。

妩媚的粉色套装

粉色配在她身上，给原本温柔的眼神又增添几分妩
媚，整体搭配简单大方，风情万种尽在不言中。衣服和
裙子的花纹上下对称，遥相呼应，夺人眼球。

卡腰款无袖外套

中间的卡腰设计，恰到好处地将衣服一分为二，使衣服松紧有度。上半部紧身圆润，下半部分潇洒飘逸。

后背的钩花自有其独特的心思，增加衣服的精美度。

P068~069

钩织心得：**卡腰款无袖外套**

钩毛衣不是单纯的女红，编织的也不单单是衣服。女人钩毛衣，钩的是一种温馨的柔情，一种浪漫的情怀，一种美丽的心境；感受的是暖暖的爱意、柔柔的幸福。

胸前仅有的一颗扣子，扣上了，不但起到收腰的作用，扣子本身也是美丽的装饰品。

简洁大方的裙子，无须搭配太多其他的衣服，这样反而会破坏衣服原来干脆利落的风格，显得累赘，搭配同色系的鞋子即可。在小饰物上，可以用低调的、不显眼的项链、手链等来点缀。

时尚款
花格小外套

P069~071

小外套简单、大方，结合了当下流行的衣服特点，带有一点少女装味道的同时又不失女人味，在午后逛街会是不错的休闲着装。

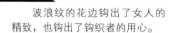

波浪纹的花边钩出了女人的精致，也钩出了钩织者的用心。

钩织心得: **时尚款花格小外套**

现在商店里各种羊毛衫、羊绒衫、牛绒衫，可谓琳琅满目，丰富多彩，而且什么价位的都有，根本用不着织毛衣了，可是每年到了春秋季，我就会拿起绒线，开始编织，只是因为喜欢编织时的心情。

✿ 衣服的搭配建议

如果在穿着时再搭配条简单的链子，衣服显得更加高雅!

飘逸的深V领上装

敞开式的对襟也是对薄毛衣的一种解放,大衣款式的融入,使得薄毛衣也有了更大气的一面,带着风行走,再也不是风衣的专利。

钩织而得,飘逸的深V领上装

钩毛衣的,几根钩针,一团毛线,就那么缠来绕去,绕去缠来,女人用无尽的耐心和细致,在针和线之间,诉说着自己难解的情结,诠释着对生活的种种企盼。

领口的花边增加了衣服的精美感,提升了女性气质。

大大的领子给人一种
大气的感觉，让人觉得很大
方。翻领与下摆在后背显示
出两层，形成重叠的美感。

P073~075

优美的
大翻领小披肩

大大的钩花翻领随性
地搭在双肩上，暖融融的
贴到心里，白色的柔美映
衬得脸色更加美白。具有
伸缩性的织法，使穿着者
的优美身形展现得淋漓尽
致。

钩织心得：优美的大翻领小披肩

钩针也可以挥洒人生，钩出女人的温馨
柔爱，钩出女人的风情万种，钩出女人的期
待和满足，钩出女人的自豪和责任。线的这
头连着自己，线的那一头连着牵挂的人。

素雅的
圆领拼花上装

花纹互相呼应、
大小交替，整件衣服
就是一朵温柔的花。

P076~077

小淑女的魅力不可忽
视哦！有点可爱，有点浪
漫，一定迷到不少的小蜜
蜂啦！

钩织心得：**素雅的圆领拼花上装**

　　喜欢钩毛衣，钩织的是一段安详的时
光，爱上这种恬淡、悠然的心境。毛线于
指间缓缓行走。手钩毛衣，其实，钩的是
一份美丽的心情，一份对生活的认可，一
份对心情的释放。

时尚款
绰约吊带裙

灰白的吊带裙穿在黑色的衣服外面，搭配出时尚的感觉。
穿上这件手钩的吊带裙，不觉得温婉动人、清纯绰约吗？

编织心得：**时尚款绰约吊带裙**

随着人们生活水平的提高，手编的毛衣穿得越来越少了，但是，当我精挑细选了绒线，一针一针织出精美的图案时，我就感觉像完成了一件艺术品一样，喜欢听着别人的赞美，体味那种喜悦。

蓬松但是不松垮的版型设计，让整件衣服显得休闲、随意，挥洒自如。

下摆单独钩出的小带子随风飘动，酝酿诱人的妩媚氛围，增加女性风姿绰约的魅力。

027

PO79~081

纯情的
圆领娃娃裙

钩织心得：**纯情的圆领娃娃裙**

　　一袭长裙，无时无刻都在传递着一种幸福、一种温馨，灌溉了宽大无边的深情，输送了触手可及的温暖。

　　收腰的设计，让连衣裙不显得松垮，更能突出着装者的窈窕身材。

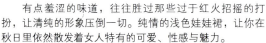

　　有点羞涩的味道，往往胜过那些过于红火招摇的打扮，让清纯的形象压倒一切。纯情的浅色娃娃裙，让你在秋日里依然散发着女人特有的可爱、性感与魅力。

清新的
碎花迷人装

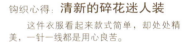

P081~084

淑女是春天的清新，是夏天的凉风，她的矜持、恬静、淡雅，让人宠、让人怜。这一款碎花钩针衫，无一不展现淑女的风范，展现她们灿烂的笑容、迷人的优雅。

钩织心得：**清新的碎花迷人装**

　　这件衣服看起来款式简单，却处处精美，一针一线都是用心良苦。

　　小碎花构成大的菱形花纹，于细微处见女性娇美的特性。清新淡雅，嫩粉钩花衫展现女性魅力。温柔无限蔓延。

●*introduction* **叶风清**

　　1980年参加工作（安徽省铜陵县花边工艺美术厂，万缕丝车间任绣花工）。喜好手工。

029

高贵的大翻领长衣

整件衣服大气但是不霸气，厚重但是不臃肿，是难得的美衣。

钩织心得： 高贵的大翻领长衣

文人"以我手写我心"，我们织女又何尝不是？同样的道理，我们是"以我手钩我心"。或是阳光明媚的午后，或是全家围绕着看电视……我们手持钩针，怀抱彩线，飞针走线中，完成自己的"拙作"，岂不美哉？

introduction **苗苗妈妈**

　　现在是家庭主妇，闲暇之余，爱好钩针编织。编织已经成为我人生中不可缺少的一个爱好。爱编织，爱生活。

全身的花纹显示出无与伦比的魅力。

大翻领的设计显得独到
而大气，提升了女性的气质。
脖子上白色的围巾，像是一圈
白色的项链，提升女性高贵的
气质，给人贵妇的感觉。

靓丽款
艳丽公主裙

靓丽的色彩，青春的无敌，美丽无可抵挡！层层下摆，使衣服看起来很有层次感，带来重叠的效果，增加浪漫的情怀。

P087~089

V领的设计，露出女性的诱惑美，彰显魅力。更有红色系带缠绕头部，给我们带来与众不同的意外与欣喜！

时尚款
镂空网眼裙

P089~092

领口和下摆的钩花与其他部位不同，不但添加了裙子的变化，也让裙子显得更加精美。

✳ 衣服的搭配建议

一款纯白而不缺乏性感的长裙，搭配同色系的帽子，增添一丝温柔，也带来时尚的气息。

想拥有一个温暖美丽的春秋吗？一起行动吧！镂空的白色裙子，配以黑色的紧身衣在里面打底，女性的诱惑若隐若现，增添了无限魅力。

古典系
淡雅镂空长裙

P093~094

镂空钩花长裙，
含有精美的细节，能
有效地将目光吸引到
裙子上，给人精致的
感觉。

大大的拼花不仅将色彩搭配
得和谐自然，而且不露痕迹地勾勒
出窈窕身材。

✱ 衣服的搭配建议

搭配黑色
腰带，黑色和
蓝色的结合，
更能凸显腰带
的作用，显得
腰部纤细。

缤纷的拼花长裙

不同颜色的花朵同时钩织在一条裙子上，却不显得杂乱，而是和谐地拼在一起，这是这条裙子的高明之处。

P095~097

❋ 衣服的搭配建议

下摆处钩织纯白颜色，让裙子由上到下，逐渐由五彩转向淡雅，凸显出裙子色彩的细腻变化。

小帽子粉嫩的颜色，跟裙子的色彩一样，都带给人愉快的心情。但是帽子浅淡的颜色却并不会抢走衣服的光芒。

大朵大朵的花钩在上面，开得肆无忌惮，甚至是张扬的，给人强烈的视觉冲击。

清凉的田园荷叶裙

大大的荷叶，点缀着不同的花朵，给人强烈的田园气息。让人联想到「出淤泥而不染」的佳句。在都市中，这样的一条裙子无疑会让自己成为一股清新的风。

P098~100

衣服的搭配建议

青翠在夏天是很受欢迎的色彩，光看着已很清凉，更不用说还多了美丽的花朵。

绿色长裙洋溢
青春气息，青翠是夏
天的颜色，青翠的毛
衣给人带来清新的气
息。成熟稳重不失少
妇韵味，适合成熟的
女性穿着。

成熟的
绿色长裙

P101~102

镂空设计的绿色长裙，穿在别的衣服外
面，起到了很好的修饰作用。

柔美的长袖外套

最是那青涩的温柔，像一朵水莲花不胜凉风的娇羞。
浅黄色和白色都是淡雅的颜色，一起钩织成美丽的花朵，提升了女性温柔、可爱的气质。

P103~106

淡雅的小外套搭配黑色的吊带裙，可爱之中增加了沉稳的感觉，同时，也增添了时尚感。

毛衣和裙子穿起来就已经够可爱了，搭配一顶花色的帽子，俏皮的感觉即刻得到提升！

甜美的
多彩小外套

P107~110

不同颜色的花相互组合，给人清新的感觉，仿佛是争妍斗艳的春天已经来临。

钩针衫搭配裙装，绝对是梦幻组合，不仅迷人，还有小女人般的可爱气质，还十分时尚摩登，绝对是潮流女性的第一选择。

清爽款
菠萝花短袖上装

钩织心得：清爽款菠萝花短袖上装

那一针一线，都汇集了博大的胸襟与无私的奉献，那是一种爱的给予，也是一种甜蜜的祝福。

V领的设计，增加了衣服的时尚性，提升了女性的气质。

清新爽朗的气息由你而发，就像天使的光环一样围绕，耀眼而无法抗拒。

❀introduction 乐玲丽

自小就喜欢手工，现在经常在家钩织衣服，编织让我变得快乐、自信。

每一个菠萝花里，都
填充着期盼与慰藉，那一
朵朵小花，在爱意中得到
蔓延。衣服简洁利落，穿
上它，显得落落大方。

钩织心得：耀眼的喜庆红外套

一件衣服完工了，就像一个孩子呱呱坠地一样。一件衣服就是一个梦，女人用毛衣钩针，钩出一个又一个梦；用灵巧指尖，弹拨出心灵深处最动人的歌谣。

P112

耀眼的
喜庆红外套

衣服上钩的小花，是名副其实的"锦上添花"，增添女性魅力。

虽然穿上大红的外套，但看起来并不妖艳，反而显得活力四射。这是因为她天生的淡定仪容和青春无敌，是怎么也挡不住的。

P113

素雅的
白色短袖上衣

钩织特点：**素雅的白色短袖上衣**

互相连接的图案，虽然扭绕着，但是有规律可循，给人一种空间几何的视觉效果。

素雅的白色薄毛衣，让你在秋日里依然散发着女人特有的性感与魅力。独特的花纹为这件衣服增色不少，提升了女性的韵味。

P114

闪亮的
高雅背心裙

不羁的韵
味，独特的个
性，通常都会
招风引蝶，因
为大家都喜欢
扑朔迷离。

贴心紧身的款式设计，把
女性的线条美勾勒无遗，展现
女性的窈窕身姿。

钩织特点：**闪亮的高雅背心裙**

腰部以上的裙子紧身丰满，腰部以下的裙子
飘逸随意，做到松紧有度。

古朴的长袖上装

秋冬里的毛衣，这样厚重的感觉，总让人联想起爱人温暖的怀抱。毛衣亲和、舒适、温柔的质感，诠释出女性多重变化的魅力。

P115~116

钩织心得:
古朴的长袖上装

钩织着一个纯真而质朴的心愿。我用无声的语言，让针和线在手中缠绕，缠绕出我无限的情意。

后背钩织的横结，不但卡腰，还起到收腰的作用，还能让衣服的下半部分可以自由散开，增强衣服的灵活性。

同色的扣子，不仅带来视觉上的美感，也带来触觉上不错的手感。

高贵的气质连衣裙

一袭黑色长裙，穿出的是高贵的气质，没有觉得阴沉，反而更能吸引人的眼球。

编织特点：**高贵的气质连衣裙**

1. 首先起240针，钩3圈长针。
2. 注意从领口到腰钩11行扇形花后开始钩贝壳针。

黑色显得身材苗条，更提升女性的线条美。

❀introduction **心灵印记**

从小就爱女红，十岁开始学会绣花，十一岁钩第一个小钱包，十二岁织自己的第一件衣服。从此，一发不可收拾。

P118~119

编织特点：精美的镂空高腰衫

1.这款钩针衫形状似风车，很特别。
2.单元花花型比较大，不适
合使用较粗的线钩，太粗的
线不能突出风车花的效果。
3.钩织好第一个单元后，在钩织
第二个单元花的最外一层时，
用引拔针与第一个单元花连
接。最外一层的长度一定要适
合，否则会显得整体不平整。

精美的镂空高腰衫

镂空的面积让花朵更加
夺目，更能增添魅力指数。

高腰的设计，让
着装者显得高挑。

领口可以打结的系带，独特
而有韵味，系带上的钩花，更是于
细微处见精美。美丽无处不在！

优雅的
淑女连衣裙

P120

袖子采用镂空的设计，增加了诱惑的魅力，平添女性风情。

腰带加入浪漫色彩，一丝腰带，轻附腰间，万般柔情，自主散发。

传承古典浪漫主义情怀，将女性美全然呈现。袖子和下摆采用蕾丝，增加了诱惑的魅力，平添女性风情。

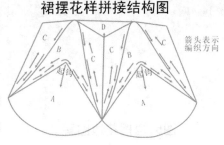

素雅系无袖长裙

【成品规格】上衣衣长60cm，裙子
全长110cm，胸围90cm
【工　　具】1.2mm钩针
【材　　料】5股丝光棉800g，白色
丝带一卷

衣身片制作说明：

1.钩针编织法，两件套，上衣一件，裙子一件。

2.上衣的钩织，首先钩织衣领，衣领由10个菠萝花连接钩织而成，首尾连接后，沿着衣领外侧钩织一圈花边，花边的花样图解见图4，菠萝花的图解见图3。钩织两段肩带，连接前后衣领。

注：裙摆由A、B、C三种花样拼接而成，一圈共8组花样，各自单独完成，然后用线连接，每块之间的凹处，钩织花样D填

裙摆花样拼接结构图

箭头表示编织方向

3.接着钩织衣身片，将衣领对折，从中间取38cm的宽度，钩织花样，图解见图1，两侧不加减钩织10行后，两侧同时加针，向两侧共加针20针锁针的宽度。同样再钩织另一边的衣身，然后将前后衣身片连接起来圈织，先是每钩织8行减1次针，共减4次。然后不加减针钩织6.6cm的高度，再加针，加针的方法是每8行加1次针，共加5行，最后沿着衣摆边钩织图5花边。

4.裙子的钩织。裙子由裙摆花样拼接块和上裙身的圈织花样组成。先进行裙摆的花样钩织，如图，从裙摆花样拼接结构图中可以看出，每块花样是由A、B、C、D四部分的花样组成，钩织顺序也是以A、B、C、D的顺序去拼接，详细图解见图2。一共钩织8块花样。

5.将8块花样连接起来后，开始圈织裙身，在每块花样的尖

符号说明：

+　短针
↑　长针
=　锁针
↓　长长针
↓　引拔针

图6
10cm

边缘钩一圈花边图解为图4

38cm

图3图解10个菠萝花

18行花样

45cm

前片
(1.2mm钩针)

56行花样　图1图解

40cm

沿衣摆边钩织图5花边

50cm

20cm

腰下加20针锁针

40cm

裙片
(1.2mm钩针)

一圈8组图2花样
花样的钩法见图2

图1图解
(50行)

裙身一圈由8组图1花样组成，在每个花样的尖角上减针，每3行每个尖角减1次针，减10次，然后每10行减1次，减2次。

40cm
110cm
80cm
起钩

A

角上，进行裙身的减针，每3行每个尖角上减1次针，一圈下来就是减8次针，这样共减10次，接着就是每10行减1次针，共减2次。最后在裙子腰身处，缝上松紧带。

6.在裙摆的花样尖角上，缝上丝带花。

裙身一圈由8组图1花样组成，在每个花样的尖角上减针，每3行每个尖角减1次针，减10次，然后每10行减一次针，减2次。

图3 衣领花样图解

1个菠萝花

049

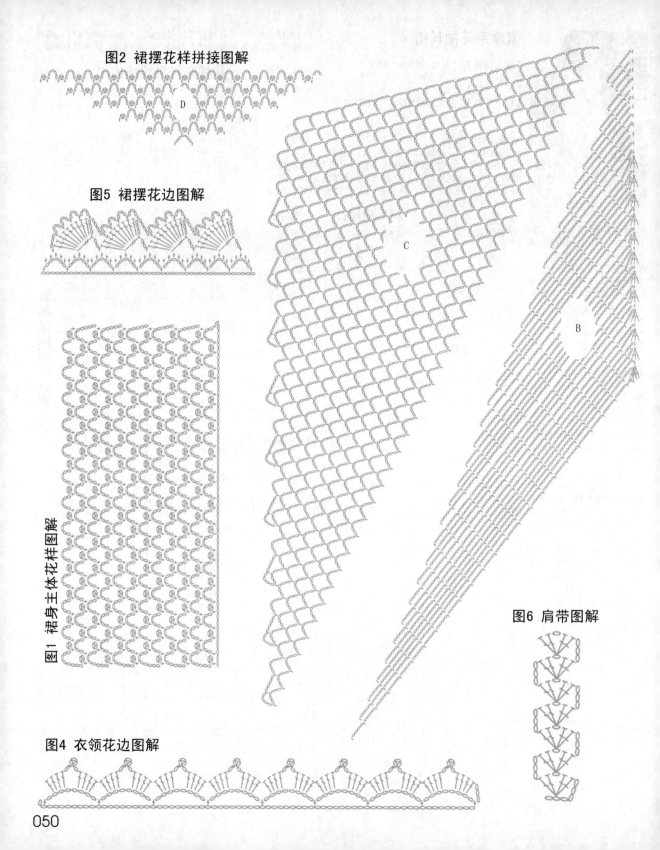

图2 裙摆花样拼接图解

D

图5 裙摆花边图解

C

B

图1 裙身主体花样图解

图6 肩带图解

图4 衣领花边图解

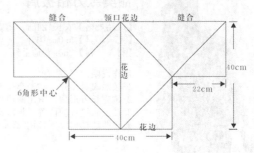

飘逸款网格披肩

【成品规格】衣长40cm，肩宽80cm，袖长22cm
【工　具】5.0mm钩针
【材　料】300g普通毛线

符号说明：

十 短针　　Т 中长针

○ 锁针　　Ｔ 长针

制作说明：
1.起一个圆心，12针锁针，然后在圆心里面每3针长针钩3针锁针，重复6次。
2.第3行在3针锁针上面钩1个3针锁针，重复6次，完成。
3.如图六角形钩法，围绕六角形6边，中间钩渔网针，逐层增加，每层加一个渔网，总共加17层。
4.钩完六角形后，整理成如图形状，这样就有了衣服的一半，再钩一个六角形就有了衣服的另外一半。然后后片拼合，前片不拼合，这样就有了门襟。
5.接照花边图样，钩衣服袖口、领口、门襟、下摆的花边，完成。

花边

六角形钩法：

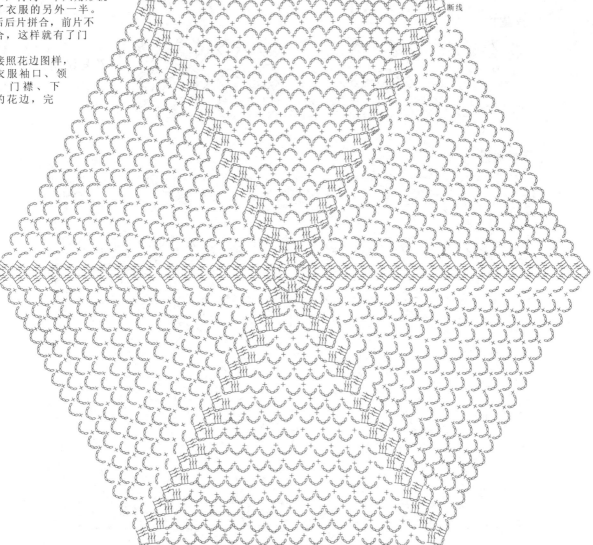

甜美款方格披肩

【成品规格】衣长124cm，肩宽36cm
【工　　具】5.0mm钩针
【材　　料】250g普通毛线

制作说明：
1. 按照衣身图样，钩一个长方形的结构，尺寸为124cm×36cm，长度为36cm+36cm+36cm。
2. 钩完长方形后，留出两边袖子的长度，即长方形的头尾就是袖子，把它对折缝合就成了袖子。
3. 在没有缝合的位置延长，钩5排水草花。
4. 在两边袖口位置各钩5排水草花。

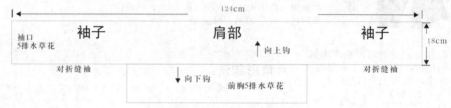

124cm

| 袖口
5排水草花 | 袖子 | 肩部 | 袖子 |

↑ 向上钩

18cm

对折缝袖

↓ 向下钩　前胸5排水草花

对折缝袖

水草花

符号说明：
+ 短针　T 中长针
° 锁针　T 长针

衣身图样

1个模样

1个模样

精致的钩花吊带裙

【成品规格】长裙全长110cm，胸围90cm，裙摆宽65cm
【工　　具】1.75mm钩针
【材　　料】8股丝光棉线600g

衣身片制作说明：
1. 钩针编织法，分为衣领和裙身单元花拼接两部分钩织。
2. 裙身的钩织看似有点复杂，但分解开来，讲究点方法，也不成难题。如图4，已经画出各种单元花的图解，只要遵循由中心起钩，向外扩展，先钩织大单元花再钩织小单元花拼接的原理，就很容易钩织这件衣服。图1及图2是已给出的单元花排列图，首先钩织叶子中间的单元花R和H，再钩织多片叶子，即M、N、O、P四种叶子，按照图1及图2的排列一一钩织并连接。然后围绕这些叶子，将其他单元花钩织后拼接上去。
3. 钩织完成裙身后，下一步钩织衣领，图解见图3，两袖窿钩织1行锁针和1行短针锁边。

编织特点：
1. 钩花吊带裙，主体由单元花拼接而成，
2. 单元花的拼接由中心向外钩织，由大至小，拼接很随意，如果单元花之间形成的空洞太大，可能加钩织些小单元花填充。
3. 边缘要平整，钩织半个单元花整型。

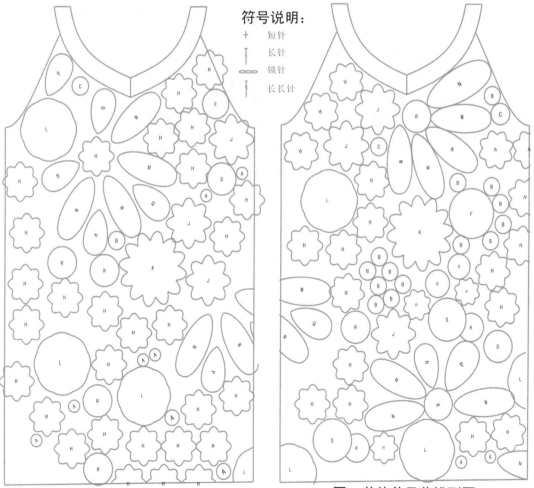

符号说明：

┼	短针
	长针
	锁针
	长长针

图2 后片单元花排列图　　图1 前片单元花排列图

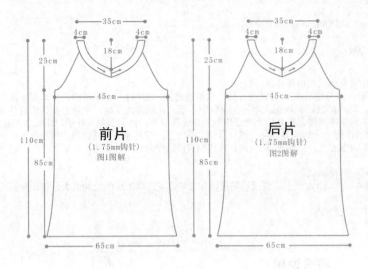

前片
(1.75mm钩针)
图1图解

后片
(1.75mm钩针)
图2图解

图4 裙身各种单元花图解

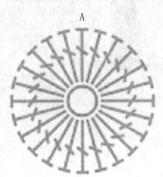

A

B

C

D

K

L

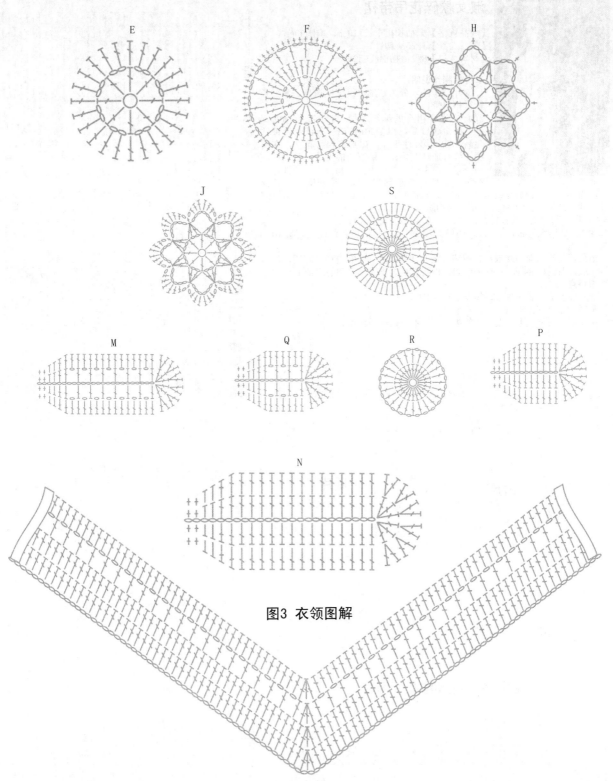

图3 衣领图解

淑女款碎花吊带裙

【成品规格】无袖长裙全长110cm，胸围90cm
【工　　具】1.75mm钩针
【材　　料】8股植物棉线550g

衣身片制作说明：
1. 钩针编织法，分为三部分编织：裙身、胸部长针行和肩带。
2. 首先进行裙身的编织，如图1，起90cm的锁针，闭合锁针后，以圈钩的方式，再钩3针锁针起高，钩织第1行花样。裙身共44行花样，在两侧侧缝有加针变化，按图解中的方法一一加针，钩至44行结束裙身的钩织。第45行为中长针行，在第44行的针数基础上，同样钩相同的中长针行，而46行长针行的针数延续第45行，从第47行开始钩织长针行，每6针加1针长针，共钩7行。断线完成裙身的钩织。
3. 第2步是钩织胸部的长针行，共4行，针数与裙身的起针一样。
4. 第3步是钩织肩带，共4段，图解为图3图解，每侧肩各两段。每段40cm长。
5. 最后再钩织胸前的蝴蝶结，图见图2，即钩织一圈图2花样。圈钩，最后钩一段图3花样系紧图2花样的中间，再将之缝合于胸部右侧的肩带下。

编织特点：
1. 非常淑女的一款吊带裙。裙身不宜太长。
2. 胸围的宽度应比较贴身，但不紧身。
3. 裙身不宜加针太多，太宽松的裙身会显不出裙摆的特点。

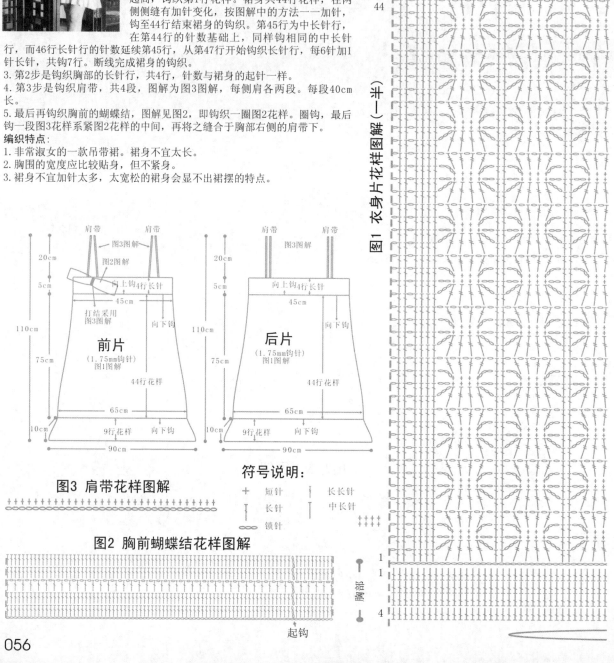

图3 肩带花样图解

图2 胸前蝴蝶结花样图解

符号说明：

＋	短针		长长针
	长针		中长针
	锁针		

前片
(1.75mm钩针)
图1图解
20cm
5cm
图3图解
图2图解
向上钩4行长针
45cm
打结采用图3图解
向下钩
110cm
75cm
44行花样
65cm
10cm
9行花样
向下钩
90cm
肩带

后片
(1.75mm钩针)
图1图解
20cm
5cm
图3图解
向上钩4行长针
45cm
向下钩
110cm
75cm
44行花样
65cm
10cm
9行花样
向下钩
90cm
肩带

图1 衣身片花样图解（一半）

裙摆
53
46
44
胸部
1
1
4
起钩

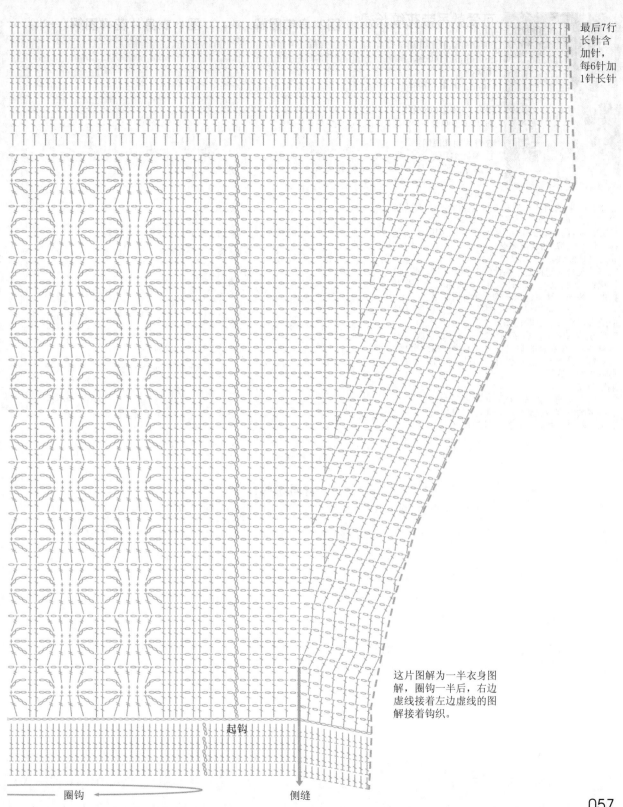

最后7行
长针含
加针,
每6针加
1针长针

这片图解为一半衣身图
解,圈钩一半后,右边
虚线接着左边虚线的图
解接着钩织。

起钩

圈钩

侧缝

可爱款吊带花纹长裙

【成品规格】吊带裙全长(含肩带)110cm，胸围40cm

【工　具】1.75mm钩针

【材　料】8股植物棉线白色600g

衣身片制作说明：

1. 钩针编织法，分为四部分：前片1片、后片1片、裙摆2片、肩带两段。

2. 本款衣服的前片与后片是完全相同的，所以钩织方法相同，以前片为例（如图1），起139针锁针起钩花样，再加钩3针锁针起高，钩织第1行花样，依照图解1的钩织图解，一一往上钩织，钩至46行时，断线。

3. 沿着衣身片起钩处，挑针往下钩织裙摆，起高3针锁针，再挑针钩131针长针，然后依照图1中裙摆的图解一一往下钩织，钩至30行后断线。

4. 相同的方法再钩织后片。然后将这2片的侧缝对应缝合，完成衣身的钩织。

5. 钩织两段肩带，肩带的针数以长长针组成，图解见图2，在衣身的胸部适当位置挑针钩织第1行长长针，然后往返钩织20行，最后将其用引拔针与后片的边缘缝合。

编织特点：

1. 非常淑女的一款吊带裙。裙身不宜太长。

2. 胸围的宽度应比较贴身，但不紧身。

3. 裙身两侧不加针，裙摆加针的幅度不大。

图2 肩带图解

与后片胸部边缘连接

⑳

①

与前片胸部边缘连接

图1 衣身片花样图解（一半）

符号说明：

+	短针
↑	长针
∞	锁针
↟	长长针

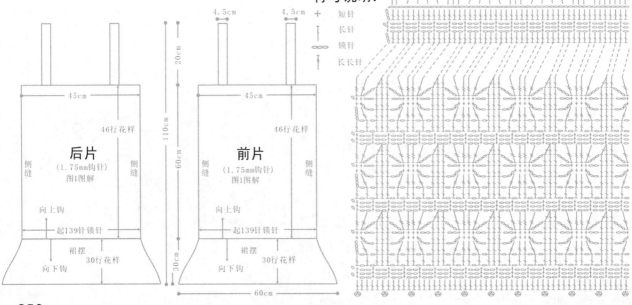

后片
(1.75mm钩针)
图1图解

45cm
46行花样
侧缝
侧缝
向上钩
起139针锁针
裙摆
30行花样
向下钩

前片
(1.75mm钩针)
图1图解

45cm
46行花样
侧缝
侧缝
向上钩
起139针锁针
裙摆
30行花样
向下钩

4.5cm 4.5cm
20cm
110cm
60cm
30cm
60cm

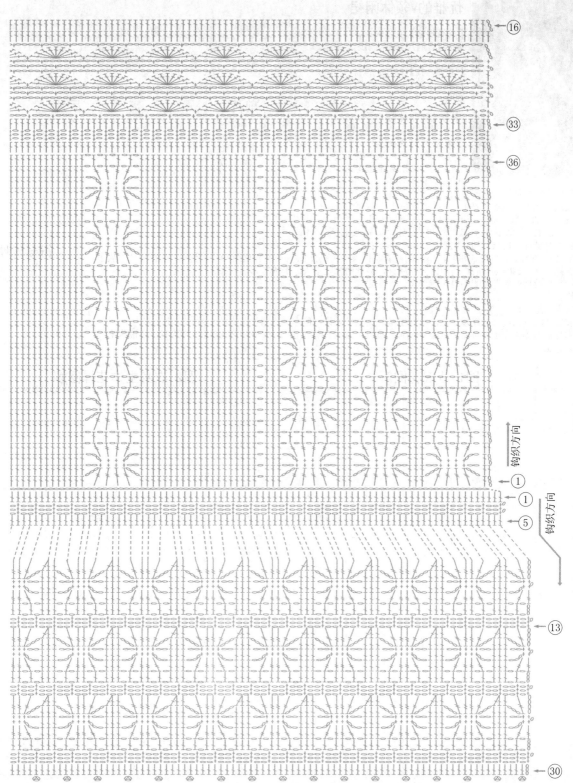

优雅的V领休闲裙

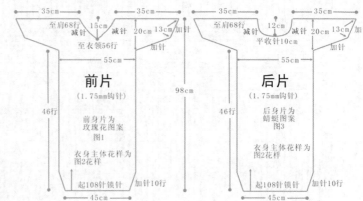

【成品规格】衣长98cm，袖长(含肩)35cm，胸围110cm

【工　具】1.75mm钩针

【材　料】6股植物棉线600g

衣身片制作说明：

1. 钩针编织法。分前片1片和后片1片钩织。

2. 前片的钩织，从下摆起钩，起108针锁针起钩花样（花样见图2）。前10行两侧同时加针，第11行开始不加减针，衣身左侧钩织玫瑰花图案（图解见图1），可以根据个人需要添加玫瑰花的个数。钩织至46行时，两侧加大幅度加针，加成衣袖，而钩织至56行时，将衣身片从中间向两侧同时减针，钩织衣领。钩织至肩部共68行花样。

3. 后片的钩织方法与前片相同，不同的是衣身图案改为蜻蜓图案（图解见图3）。另外，后衣领是先从中间直接收针10cm的宽度后再向两侧同时减针，减针的幅度不大。形成方形后衣领。

4. 最后将前后两衣身片的侧缝对应缝合，衣服完成。

编织特点：

1. 宽大的造形设计，款式简单、大方。

2. 衣服的衣身图案可选择性很强，本衣服是将图案扩大化，但亦可以增加图案的个数。变化无穷。

3. 本件衣服难点在于衣袖部分，腋下的加针变化，加针的幅度比较大，有小型蝙蝠衫的造型。是很休闲的一款衣服。

前片
(1.75mm钩针)
至肩68行
至衣领56行
35cm 35cm
15cm 减针
减针
20cm 13行 加针
加针
55cm
98cm
46行
前身片为玫瑰花图案图1
衣身主体花样为图2花样
起108针锁针 加针10行
45cm

后片
(1.75mm钩针)
至肩68行
35cm 35cm
12cm 减针
减针
平收针10cm 加针
20cm 13行 加针
55cm
46行
后身片为蜻蜓图案图3
衣身主体花样为图2花样
起108针锁针 加针10行
45cm

符号说明：

+	短针
		长针
◠◠◠	锁针

图1 玫瑰花图解

图2 衣身主体花样图解

图3 蜻蜓图解

气质的V领休闲裙

【成品规格】背心长裙全长100cm，肩宽43cm，
胸围90cm，无袖

【工　　具】1.75mm钩针

【材　　料】4股植物绒棉线白色500g

衣身片制作说明：

1. 钩针编织法，分为两部分钩织，衣身
花样部分以及前片表面单元花的钩织。

2. 本款休闲裙采用圈钩的方法钩织，起
186针锁针起钩，再加针3针锁针起高钩
织第1行花样，如图1图解，图1只为衣身
一半的花样图解，全身是由2片相同的图
1组成，除了前后衣领的不同。两侧缝
在钩织至20行时，有加针变化，两侧同时加针，将裙身钩成弧形侧
缝，加针后再减针，钩织至41行。然后不加减针钩织至62行，在第
63行分片，分为两半钩织，并作袖窿减针，同时中间有衣领减针，
依照图1与图2的图解钩织成前后衣领和后衣领变化，最后将两肩部对
应缝合。

3. 前片表面的单元花都是单独完成的，见图3。将图中所示的各个单元花及个数，一一钩织出来，再用细针线将它
们依照图3中结构示意中所示的位置一一对应缝合。

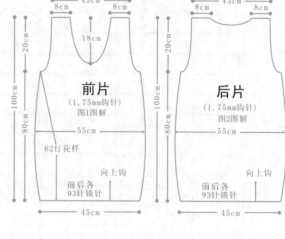

4. 最后一步是修饰一下衣身的各边缘，沿着前后衣
领，裙摆边，钩织图4花样衣边。衣服完成。

编织特点：

1. 简单大方、优雅的一款中长裙。

2. 裙身两侧缝加减针的幅度要适度，不然会变形。

3. 缝合前片的单元花时，所用的细线需是同色系，
并且要隐藏好线头。

符号说明：

$+$　　短针

　　　　长针

　　　　锁针

　　　　长长针

　　　　引拔针

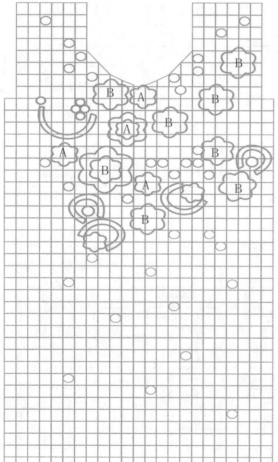

图3　前片表面单元花图解及所在位置

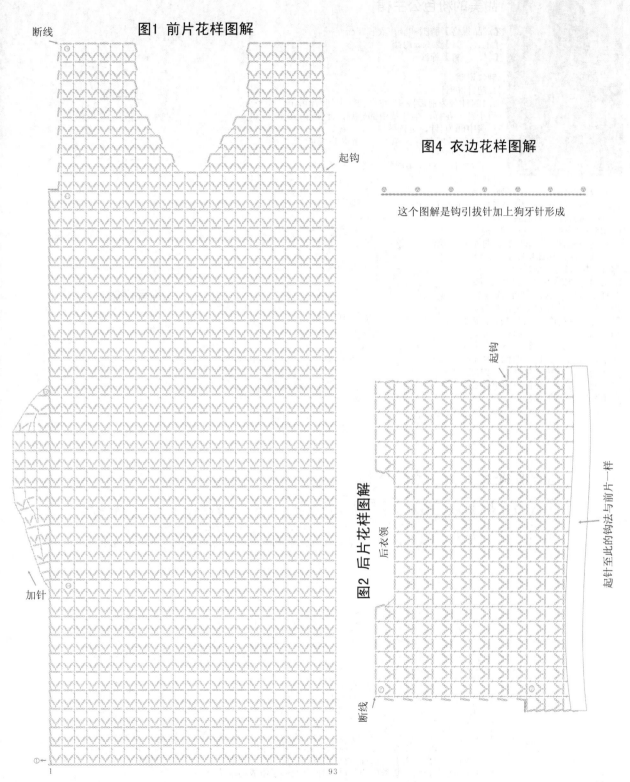

图1 前片花样图解

断线

图4 衣边花样图解

这个图解是钩引拔针加上狗牙针形成

起钩

图2 后片花样图解

后衣领

起针至此的钩法与前片一样

加针

断线

1   93

甜美的粉色公主裙

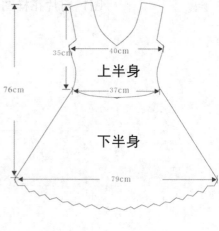

【成品规格】 胸围80cm，衣长76cm
【工　　具】 2.5mm钩针
【材　　料】 棉线

制作说明：

1. 起针368针。
2. 184针分为前后圈钩。8个长针中间2针辫子，10个辫子针一花样，半片从中部分割，此花样为9个。前后胸中间为4针，见图解。
3. 第3行基本花样同第2行，中间加针。
4. 同第3行，只在中间加针。
5. 圈钩加至10个长针中间加2个辫子。中间花样已经成形，每个花样为6个长针加2个辫子，以后每行都加2针，左右各一针。
6. 钩至肩宽部分片钩身体部分。
7. 片钩身体部分。第13行：每个花样加2针长针，即由10针长针加至12针。中间部分直接每行加2个长针。
8. 第14行同第13行。第15行：每花样加针2个长针，由12个长针加至14个。第16行重复第15行。第17行：每花样加针2个长针，由14个长针加至16个。第18行重复第17行。至此，已经够胸围的尺寸了，37cm。第19行两侧以中心直线为准，以腋下为平行直线减出侧身，再以中心直线为准，成直角减出腰部的直线。

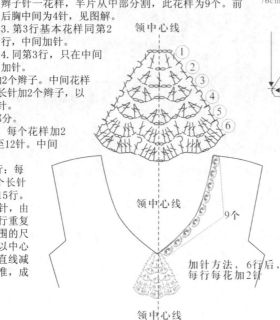

领中心线

领中心线

领中心线

9个

加针方法，6行后，每行每花加2针

符号说明：

+ 短针　　T 中长针
⌒ 锁针　　Ŧ 长针

上半身钩法：

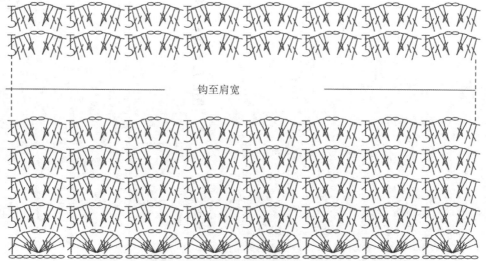

钩至肩宽

起针后第1行，钩14个长针两辫子组成的水草14组，钩领中心，再钩8长针两辫子组成的水草18组后钩领中心，再钩8长针两辫子组成的水草4组后引拔结束

接上半身

腰部

① ②

1个模样

妩媚的粉色套装

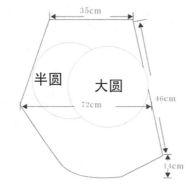

半圆 大圆

35cm
72cm
46cm
14cm

【成品规格】上衣胸围82cm，肩宽37cm；
裙子长60cm，宽72cm，裙摆宽110cm
【工　　具】1.5mm钩针
【材　　料】棉线600g

符号说明：

+ 短针　T 中长针
○ 锁针　Ŧ 长针

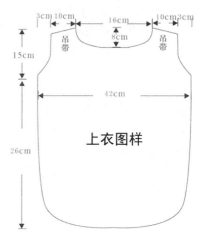

3cm 10cm　16cm　10cm 3cm
吊带　8cm　吊带
15cm
42cm
上衣图样
26cm

上衣制作说明：
1. 从圆心开始起针，起10针锁针，圆的详细做法参照上衣图样。
2. 钩完圆以后，有18等份，分为领口2个等份，吊带一个半等份，袖口一个半等份，下摆5个等份，侧缝3个等份连接。
3. 钩肩带和花边，参照肩带及花边图解。
裙子的制作说明：
1. 从圆心开始起针，起10针锁针，圆的详细做法参照裙子图样。
2. 钩完圆以后，有18等份，再钩一个半圆只需要11等份就可以了，最后的几行也不需要再钩。
3. 下摆花边，参照肩带及花边图解。

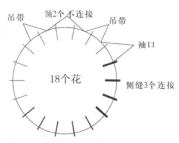

吊带　领2个不连接　吊带
袖口
18个花
侧缝3个连接

下花边留5个不连接

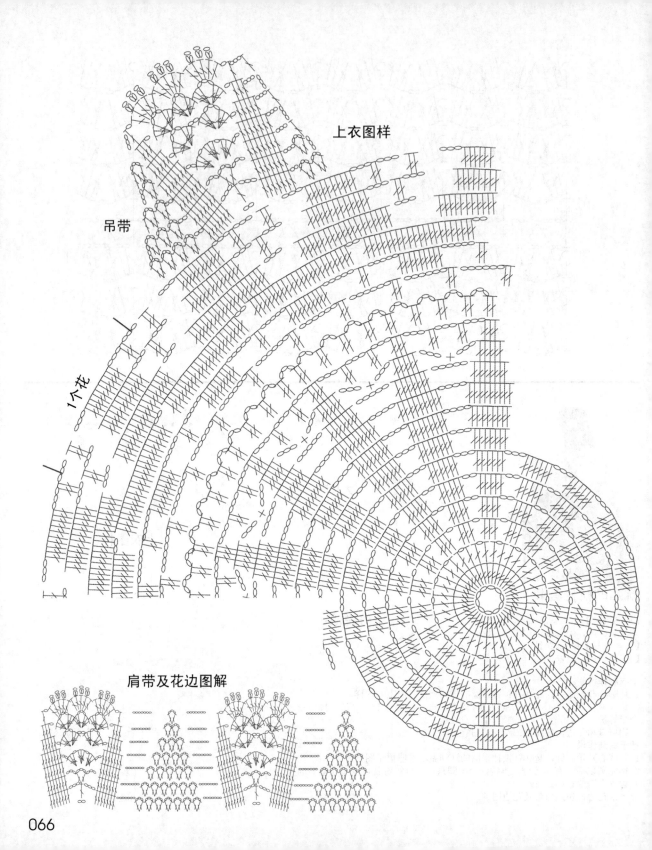

上衣图样

吊带

1个花

肩带及花边图解

图解

卡腰款无袖外套

【成品规格】胸围88cm，肩宽39cm
【工　　具】2.75mm、3.0mm、4.0mm钩针
【材　　料】暖暖牌216支纯毛线450g

制作说明：
1. 上衣分两部分组成，上半身和下半身。中间腰部分，钩4行长针。
2. 按照上半身图样钩衣服前片2片，后片1片，后片中间缺一个三角的形状，三角形状参照后片三角处图样。
3. 按照下半身图样和衣服的尺寸图钩衣服下半身，下半身为一个长方形形状，下半身长度比上半身长，在拼合的时候要均匀地打小褶。
4. 在腰部的第2行长针中穿一条锁针钩的绳子。

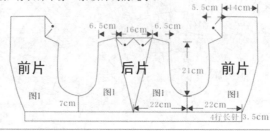

后片三角处图样

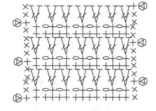

图1 上半身图样

符号说明：

＋ 短针	Ⅰ 中长针
○ 锁针	∫ 长针

腰部图样

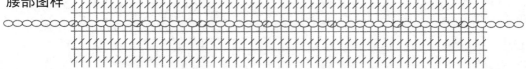

图2 下半身图样

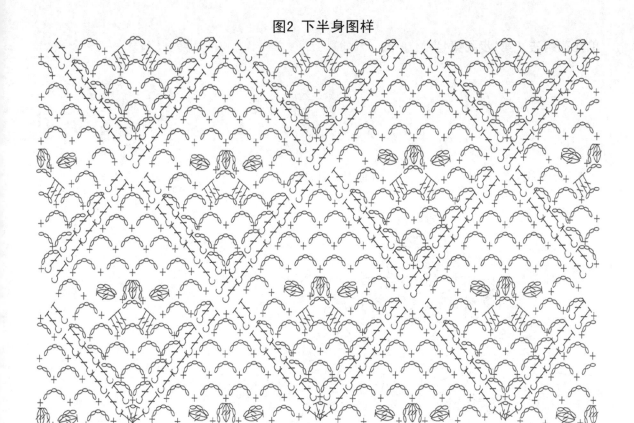

时尚款花格小外套

【成品规格】胸围88cm，肩宽37cm
【工　　具】2.0mm钩针
【材　　料】棉线350g

单元花钩法（第1步到第4步）
1. 先起10针锁针钩一个圆心。
2. 围绕圆心，钩24针长针。
3. 第3行，钩1针短针，6针锁针，5针短针。重复4次。
4. 拼花。

半花制作说明：
1. 作品为两部分组成，衣身和袖子。

2. 先钩花，钩法按照单元花钩法第1步骤到第3步骤，然后拼花，后片长度包括领口和下摆2行半花，总共11行，宽度6行，前片为2片，钩法按衣身拼花图样所示。
3. 钩完前片和后片后，接衣服袖子，每个袖子20个单元花。
4. 按照领口、袖口花边钩衣身外围花边和袖口花边。

袖片

5行拼花

符号说明：

+ 短针　T 中长针
○ 锁针　╤ 长针

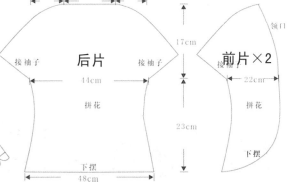

单元花钩法（第1步到第4步）

1.先起10针锁针钩一个圆心。

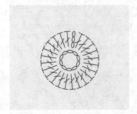

2.围绕圆心，钩24针长针。

3.第3行，钩1针短针，6针锁针，5针短针。重复4次。

4. 拼花。

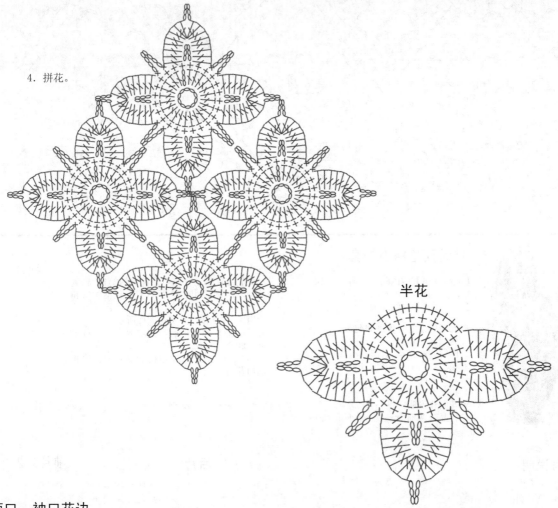

半花

领口、袖口花边

袖子

领口

接袖子

后片

前片

下摆

071

飘逸的深V领上装

【成品规格】胸围42cm，肩宽36cm，
衣长78cm，腰带35cm
【工　　具】5.0mm钩针
【材　　料】三七毛线400g

制作说明：
1. 上衣由前片2片、后片1片组成。
2. 先从腰带钩起，腰带长度35cm×
2cm，按照腰带图样钩8行。
3. 再钩下半身，按照下半身图样，
总共钩26行，加针参照图样所示。
再按照上半身图样钩前片23行。
4. 袖子先钩中间部分，为腰带图样
钩8行，然后按照下半身图样钩袖
弯位到袖口20行，再按照上半身图
样钩袖弯到肩18行。
5. 拼接前片、后片的肩部位，然后
拼前后片侧缝，上袖子。

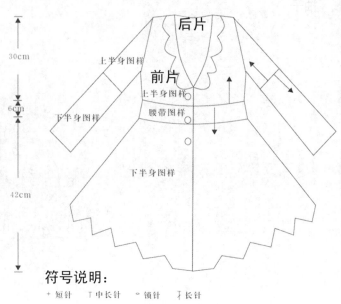

符号说明：
+ 短针　T 中长针　° 锁针　Ŧ 长针

腰带图样

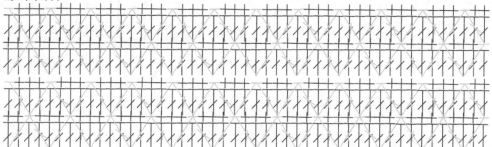

上半身图样

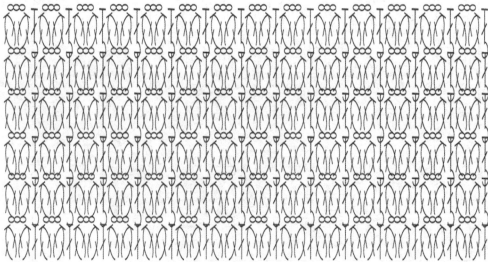

下半身图样

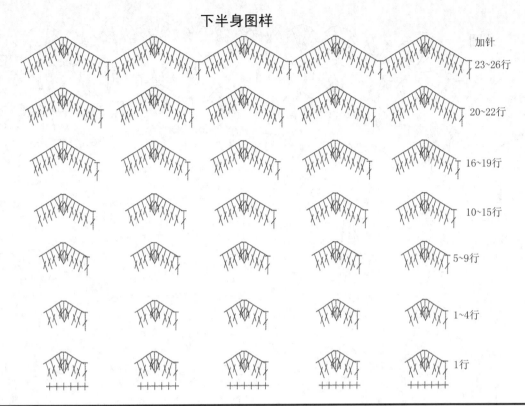

加针

23~26行

20~22行

16~19行

10~15行

5~9行

1~4行

1行

优美的大翻领小披肩

【成品规格】 腰围60cm，肩宽37cm，衣长47cm
【工　　具】 2.5mm钩针
【材　　料】 棉线

制作说明：
1. 分内圆和外圆2个部分。
2. 按照内圆图样，内圆一共17行，起10针锁针，钩30行长针。第3行，每3个长针间隔2锁针，第4和第5行各钩10个贝壳针，到了第14行要注意了，每4个贝壳针上面钩5个渔网针，这样就把第17行变成50个贝壳针，详细做法看图样。
3. 内圆完成后钩外圆，外圆把这50个贝壳针分成四个部分，19+6+19+6，2个6贝壳针就是袖口，把2个19贝壳针延伸多1行，即外圆的第2行，在袖口上面第2行钩6个贝壳针长度的锁针，就形成了一个圆圈，第3行直到最后1行20行，都是一个整体圆圈的钩法。

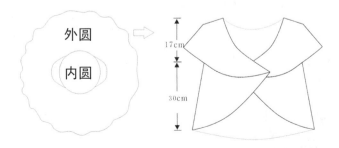

外圆

内圆

17cm

30cm

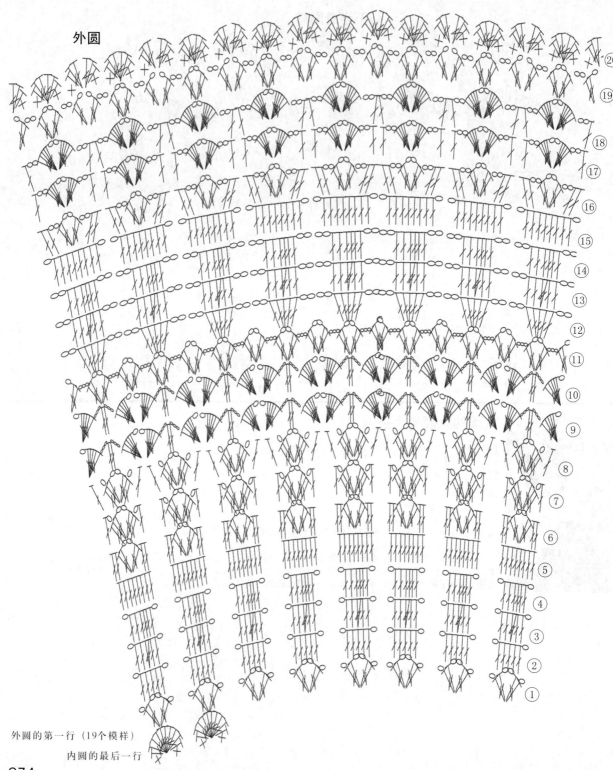

外圆

⑳
⑲
⑱
⑰
⑯
⑮
⑭
⑬
⑫
⑪
⑩
⑨
⑧
⑦
⑥
⑤
④
③
②
①

外圆的第一行（19个模样）

内圆的最后一行

074

内圆

素雅的圆领拼花上装

【成品规格】胸围88cm，肩宽37cm
【工　　具】2.0mm钩针
【材　　料】棉线

制作说明：
1. 钩花1，16个。
2. 钩花2，16个。
3. 钩花3，20个。
4. 钩半花，10个。

肩半花2个

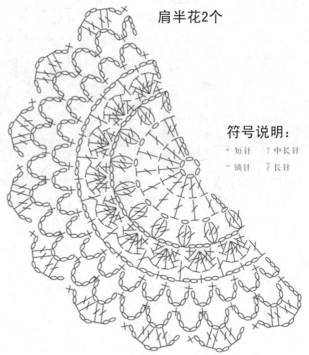

符号说明：
+ 短针　丅 中长针
‾ 锁针　丁 长针

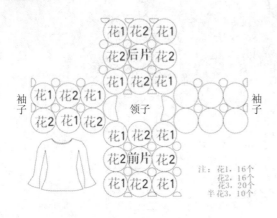

注：花1，16个
　　花2，16个
　　花3，20个
　　半花3，10个

下摆和袖口花边

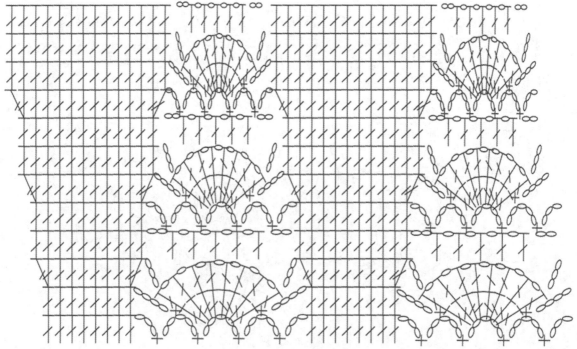

拼花

花1

花2

花3

时尚款绰约吊带裙

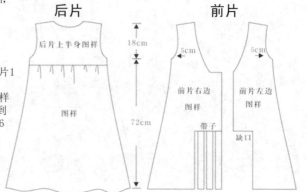

【成品规格】胸围88cm，肩宽37cm，衣长90cm

【工　　具】1.25mm钩针

【材　　料】8股埃及棉400g

制作说明：

1. 上衣分为前片左、右2片，后片1片。

2. 前片右边从肩部起针，按照图样从肩部到袖子是14行，从袖子到带子是20行，从带子到下摆是26行图样。带子按图钩长针，总共钩3条带子。

3. 前片左边从肩部起针，按照图样从肩部到袖子是14行，从袖子到带子是20行，从缺口到下摆是26行图样。

4. 前片上半身按照图样钩21cm，下半身按照图样钩69cm。

5. 按照花边图样钩衣服外围花边。

6. 用别针把前片左右两边别起。

后片　前片

18cm

72cm

后片上半身图样

图样

5cm　　5cm

前片右边图样　前片左边图样

带子

缺口

符号说明：

十 短针　　Ｔ 中长针

ｏ 锁针　　Ｆ 长针

前片右边带子

后片上半身图样

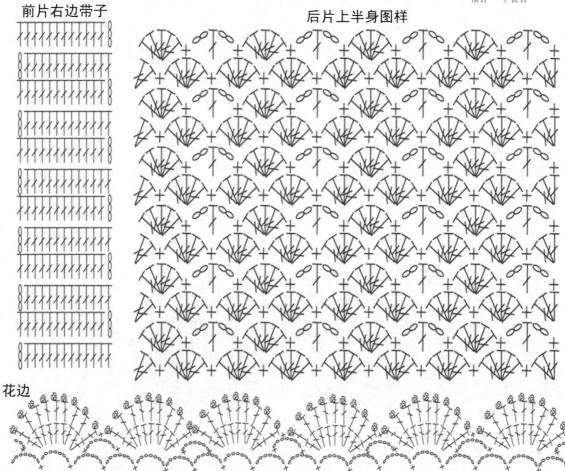

花边

图样

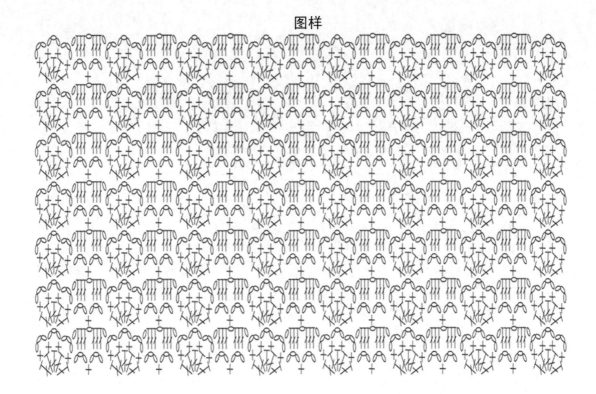

纯情的圆领娃娃裙

【成品规格】胸围74cm，衣长92cm
【工　　具】1.25mm钩针
【材　　料】8号蕾丝线300g

制作说明：
1. 起头240针，钩3圈长针。
2. 第4圈钩花样，12针一花样。如图上半身花样图解。
3. 第2圈的花样钩到第3个，就是总体的第4个留袖子，两边各空出4个花，腋下各起33针，2个花样，这样胸围是74cm。100g蕾丝线只能钩个小背心。
4. 从领口到腰钩11行扇形花后开始换钩贝壳针，一个扇形上钩4个贝壳（也可以直接钩5个，这样到中间就不用加针了），到中间每个贝壳上再加一个贝壳。
5. 身长钩到膝上部位，长度定为92cm，钩够贝壳针后转为花样针。花样是2个贝壳针钩一个扇形花，一共钩8行。最后走一圈短针就完成了。蕾丝线是种有筋骨的线，比较挺，但不会感觉不舒服，这样钩出来的裙摆才会不太显身材的缺陷。

符号说明：

† 短针　┬ 中长针
○ 锁针　┦ 长针

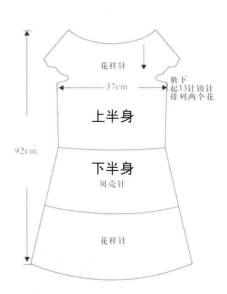

花样针

37cm

腋下起33针锁针排列两个花

上半身

92cm

下半身

贝壳针

花样针

上半身

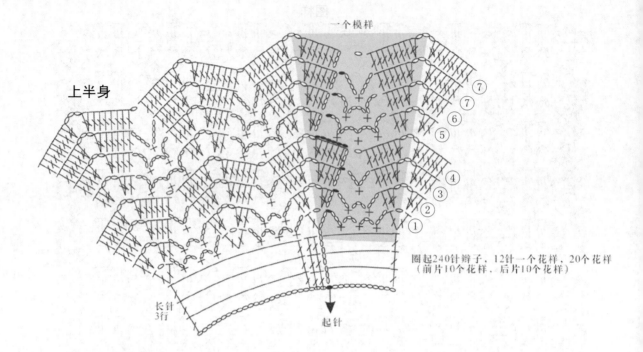

一个模样

⑦
⑦
⑥
⑤
④
③
②
①

长针
3行

起针

圈起240针辫子，12针一个花样，20个花样
（前片10个花样，后片10个花样）

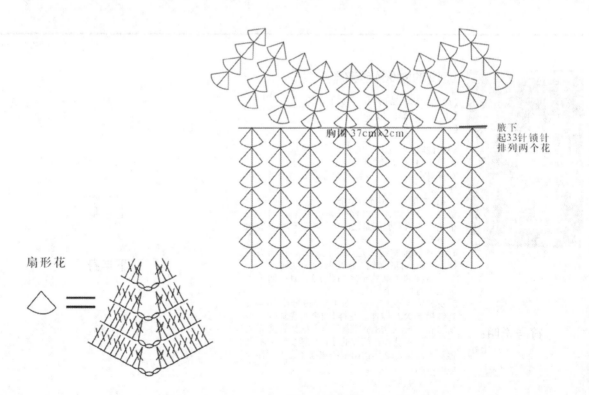

胸围 37cm×2cm

腋下
起33针锁针
排列两个花

扇形花

下半身

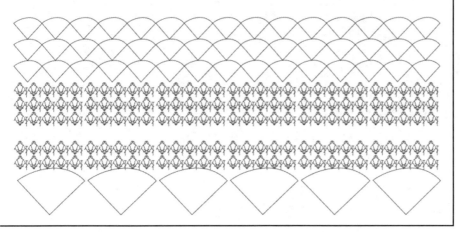

一个扇形上钩5个贝壳

钩够贝壳针后转为花样针 ⟹ 花样是2个贝壳针钩一个扇形花，一共钩8行

清新的碎花迷人装

【成品规格】 衣长60cm，衣袖长62cm（含流苏），肩宽42cm

【工　具】 1.2mm钩针

【材　料】 粉红色丝光棉线250g

制作说明：

1. 钩针编织法，单元花组合拼接。

2. 整件钩衣由36个单元花A拼接而成，前后片的单元花个数对称，主要变化在于腋下及衣摆边的花样变化。

3. 首先钩织衣身的单元花A，从上而下进行拼接，即从肩部起钩，前片由12个单元花组成，每行3个，共4行，完成后，再钩织后片。其实前后片都是一样的，同样是每行3个，共4行，但在连接时，每处的连接方法不同，后片的肩部第1行时，第一个单元花与第三个单元花，只取一半的长度与前片在钩织时，不要将两侧缝连接。的肩部起第1行单元花连接，中间不连接部分，作为衣领开口。然后再钩织第2行至第4行单元花，留待钩织花样B再进行连接。

4. 钩织衣袖单元花，衣袖各由6个单元花形成，从肩部起，第1行的2个单元花A，袖下的那条边暂不连接，第2行的2个A，两侧连接，第3行不进行连接，两单元花之间，分别钩织一个花样B，形成扩展的喇叭袖。最后在袖口的边上，每个孔都钩织一条大约长10cm的流苏，用棉线钩织10cm长的锁针辫子制成，每段都直接断线。衣袖的详细连接方法见图2。

5. 腋下的连接，如图1，衣身的两侧缝，分别钩织花样B进行连接，而袖腋下的第一个单元花A下面，钩织半个单元花A连接。

6. 衣身最下1行，沿着这1行的边，钩织图3花边花样。衣领边也钩织图4花边花样，最后注意隐藏拼接单元花时余下的线头。

符号说明：

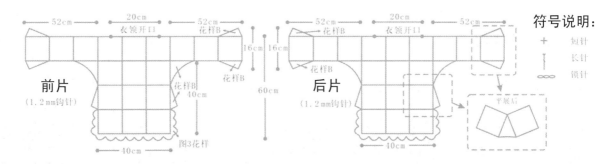

前片（1.2mm钩针）

后片（1.2mm钩针）

52cm　20cm　52cm　　　52cm　20cm　52cm

衣领开口　花样B

花样B　花样B

花样B　40cm　16cm　16cm

60cm

40cm　40cm

图3花样

平展后

＋ 短针
长针
锁针

单元花A

图4 衣领花边花样图解

图3 花边花样图解

图2 衣袖片花样拼接图解　　　　袖口

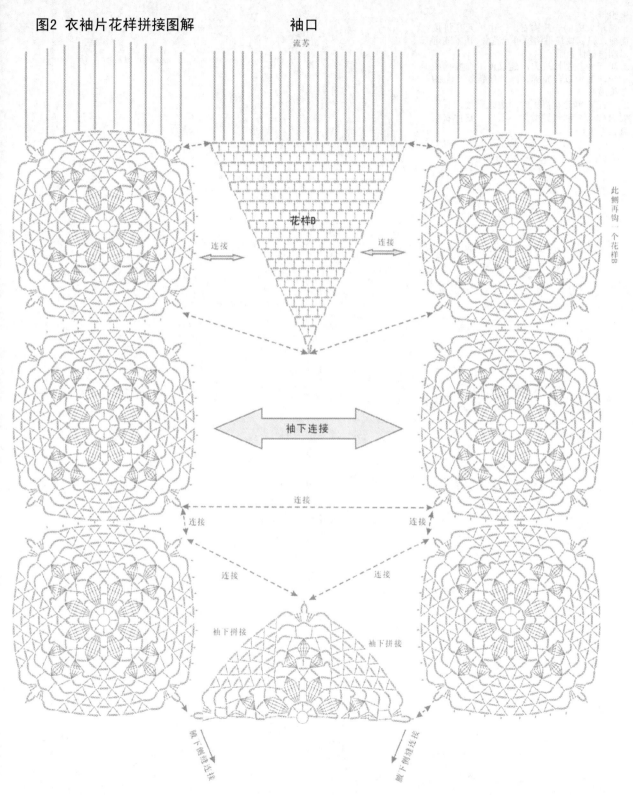

流苏

花样B

连接　　　　　连接

袖下连接

连接

连接　　　　　连接

连接　　　　　连接

袖下拼接　　　　　　　　　　袖下拼接

此侧再钩一个花样B

编织特点:

1. 简单大方的一款钩衣,全由单元花拼接而成,只需要懂得钩织单元花A,基本就可以制作整件衣服了。

2. 单元花花型比较大,建议使用细股棉线钩织,其中以丝光棉、冰丝线钩织出来的效果最好。

3. 要注意单元花拼接时的边缘连接,长度要对称,否则就显得大小不一,整件衣服就会不平整了。

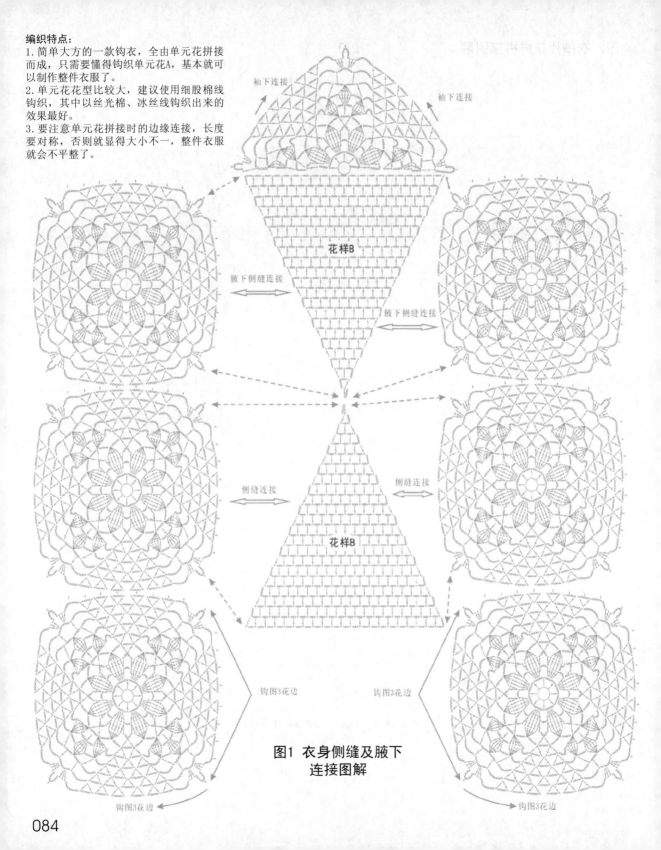

图1 衣身侧缝及腋下
连接图解

高贵的大翻领长衣

【成品规格】衣长98cm，肩宽38cm，袖长55cm

【工　　具】1.75mm钩针

【材　　料】白色亚力线，也可以用腈纶线600g

制作说明：

1.取一件T恤打底，以衣服的大小为单元花连接形成的宽度，从一边的袖肩部开始，随意地钩织各种单元花，并连接，先钩织大型的单元花连接，它们之间形成的间隙，用小单元花填充。

2.将单元花的连接从衣后向另一侧袖肩部钩织并连接，而两前片的单元花连接，要注意花型的对称性。此时拼成的衣服似一件小背心。

3.后片的连接，花样连接比较紧凑，连接方法与前片一样。衣领部注意形成2个弧形领角。

4.完成了上身肩部及衣袖上段的拼接，衣服的尺寸胚形可以形成，此时可以拿开T恤，进而去完成下一步的钩织。

5.用些小单元花将衣边修饰一番，再继续钩织大单元花，将衣服继续往下摆拼接钩织，钩织原理与上面一样。

6.完成三分之二时的样子。

7.完成图（正面与背面），依着前面的步骤及方法，将衣身拼接到需要的长度，平整收边。同样的方法，也将衣袖拼接到需要的长度，衣领的拼接似一海军领。最后一步是沿着各衣边、衣领边，钩织4层花样来锁边，即图1中的11花样，袖口同样也钩织一圈花样锁边，最后前衣襟钉上双排扣。

总结：衣身的单元花由图1中的1~10单元花拼接而成，这件衣服的单元花拼接没规则性，读者仿织时，可以依照这十种单元花去演变钩织自己喜欢的花型。

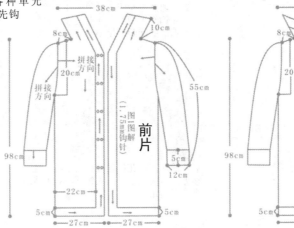

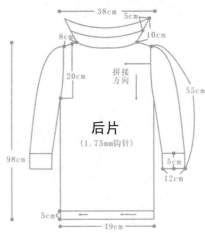

前片
（图图解）
（1.75mm钩针）

后片
（1.75mm钩针）

图1 各单元花图解

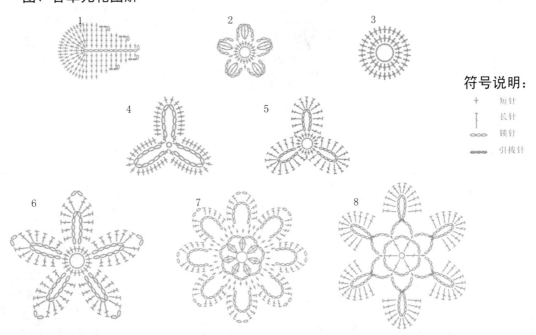

符号说明：

+	短针
	长针
∞∞∞	锁针
⋈	引拔针

9

取一件T恤打底,以衣服的大小为单元花连接形成的宽度,从一边的袖肩部开始,随意地钩织各种单元花,并连接,先钩织大型的单元花连接,它们之间形成的间隙,用小单元花填充。

将单元花的连接从衣后向另一侧袖肩部钩织并连接,而两前片的单元花连接,要注意花型的对称性。此时拼成的衣服似一件小背心。

10

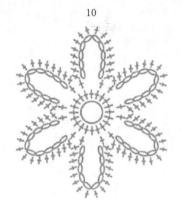

后片的连接,花样连接比较紧凑,连接方法与前片一样。衣领部注意形成2个弧形边角。

完成了上身肩部及衣袖上段的拼接,衣服的尺寸胚形可以形成,此时可以拿开T恤,进而去完成下一步的钩织。

用些小单元花将衣边修饰一番,再继续钩织大单元花,将衣服继续往下摆拼接钩织,钩织原理与上面一样。

完成三分之二时的样子。

11

总结:衣身的单元花由图1中的1~10单元花拼接而成,这件衣服的单元花拼接没规则性,读者仿均时,可以依照这十种单元花去演变钩织自己喜欢的花型。

完成图(正面与背面),依前面的步骤及方法,将衣身拼接到需要的长度,平整收边。同样的方法,也将衣袖拼接到需要的长度,衣领的拼接似一海军领。最后一步是沿着各衣边、衣领边,钩织4层花样来绲边,即图1中的11花样。袖口同样也钩织一圈花样锁边,最后前衣襟钉上双排扣。

靓丽款艳丽公主裙

【成品规格】裙子全长100cm，胸围90cm
【工　　具】1.75mm钩针
【材　　料】8股红色丝光棉线600g

衣身片制作说明：
1. 钩针编织法，分为上身片和裙身两部分编织.
2. 先钩织上身片，上身部分分为前片两胸部织片和后片两长方形织片。先钩织前片部分，前片由两个三角形单元花组合形成，每个三角形均由12个单元花拼接而成。单元花图解见单元花A。由于三角形中间要形成拱形，所以在拼接上有点特别，详细连接见图1图解，图中的虚线指要将这点位置一起连接，拼成两三角后，将第一行的两个对角的单元花拼接。后片部分，分别钩织两个长方形织片，图解见图4。两侧与前面的三角织片的两边的第一个单元花连接，而中间则用一个扣子连接在一起。每个长方形织片由10行花样钩织而成。
3. 肩带的钩织，完成上身片部分钩织后，在两个三角的最上面那个角之间，钩织一段肩带，详细图解见图3，长度约在20cm左右，而肩带与后片的连接，用一朵立体花和两段长针行连接，连接方法见后片的结构图。立体花的图解见单元花B图解。
4. 裙身的钩织，袖身由三层花样连接而成，每层的花样钩法都是相同的，不同的是每层的花样组个数。完成上身部分的钩织后，沿着下摆挑针起钩第一层花样，第一层单面由8组花样组成，一圈即是16组。完成第一层花样编织后，在第一层的下摆，在背面的倒数第二的位置，挑针钩织一行锁针辫子，然后在这行锁针辫子继续第二层的花样编织，第二层一圈由20组花样组成。同样的方法，进行第三层的花样编织，第三层一圈由30组花样组成。衣服完成。

编织特点：
1. 大红的塔塔裙，俏皮时尚。
2. 在两个前胸部织片的连接上，有点难度，在第三行上，中间的单元花连接可适当放松点针，这样比较容易连接。
3. 在三层裙摆的连接上，钩织锁针辫子时，长度宜与上一层的裙摆宽度相等，锁针个数比较多时，在吊起下一层裙摆时，会造成比较大的孔，这点一定要注意。

符号说明：

+	短针		中长针
	长针		两针密枣针
	锁针		

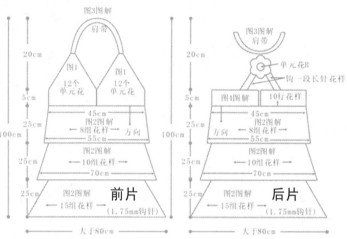

图3 肩带花样图解

胸部织片上面两条边钩织这个花样锁边

图4 后上身片花样图解

用扣子扣住

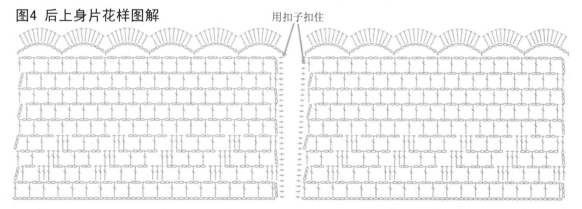

087

胸部织片排列图　　　图1 胸部织片单元花排列图解

虚线表示两处
连接在一起

同一点连接

同一点连接

同一点连接

时尚款镂空网眼裙

【成品规格】背心长裙肩至衣摆长96cm，
　　　　　　胸围72cm，无袖
【工　　具】1.2mm钩针
【材　　料】白色丝光棉200g

制作说明：

1. 钩针编织法，连片钩织与单元花结合的钩织方法。分为三部分钩织，第一部分为衣身的钩织，第二部分为衣摆边的单元花的钩织，第三部分为前胸花的拼接排列钩织。

2. 首先钩织衣身部分，采用圈钩的方法来钩织比较简单，起72cm长的锁针起钩，如图解1与图解2。从裙摆起钩花样，按图1与图2的详细图解——钩织好衣身，减针钩织好袖窿、前衣领和后衣领，并将两肩部连接完成。

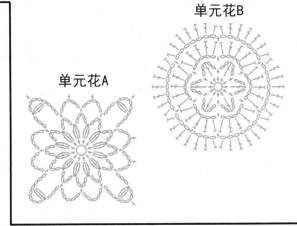

单元花A　单元花B

3. 裙摆单元花的钩织：裙摆单元花图解见单元花B，一圈共由21个单元花B连结形成，然后与衣摆连接时，用锁针连接，详细连接方法见图解1与图解2。

4. 前胸花的钩织，前胸衣身部分，原创作者是在钩织好图3排列所示的单元花后，很随意地利用锁针辫子将各花型连接成片，这是很高难度的做法，基础好的读者可以学习原创作者的做法。我们在这里教大家一个简单的钩织方法，依照图解1钩织前胸衣身片，依然钩织规则的锁针辫子，完成后，以这衣身片作底，将单元花A、B、C、D各个先钩织出来，然后按照图解3的排列方法，用细针线将之缝合于衣身上，这种做法有立体的效果，看，很简单吧！

5. 最后是钩织衣领衣袖花边，沿着前衣领和后衣领边、两衣袖边，钩织图4花样。

6. 最后要注意隐藏各个单元花拼接完成后所留下的尾线。

符号说明：

＋　　短针
│　　长针
〇〇〇　锁针

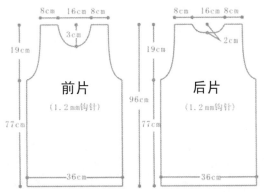

图1 前片花样图解

42行

图2 后片花样图解

42针

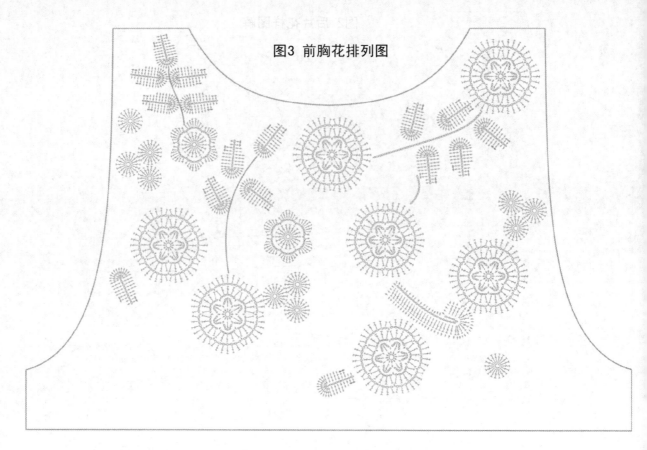

图3 前胸花排列图

单元花A

单元花B

单元花D

叶子C

图4 衣袖衣领花边图解

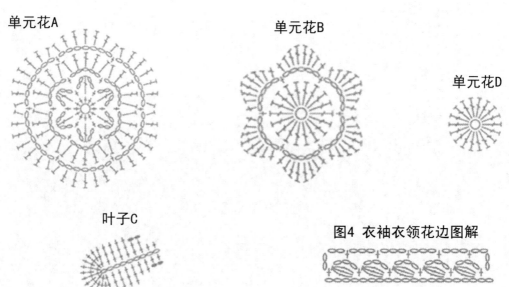

古典系淡雅镂空长裙

【成品规格】背心长裙肩至衣摆长102cm，胸宽40cm，
无袖，肩宽36cm
【工　　具】1.2mm钩针
【材　　料】绿色丝光棉200g，浅紫色80g，冰蓝色
50g，天蓝色80g

制作说明：
1.钩针编织法，由一大型和一小型单元花组成，大
型单元花又由两个不同的配色组成。
2.大型单元花A52个；小型单元花，完整的54个；
半型的4个，位于袖窿两侧，如图1中单元花排列
图。
3.从衣摆钩起，单元花A与单元花D相间隔排列，1
行共6个单元花A和6个单元花D，第2行的花型与第1行的交错缝合，见图1连接
方法；第1行与第2行有6个单元花A的色线是纯用绿色线的，即图1连
接排列中B所示的单元花，其他的全部是用单元花A，各色线搭配
见单元花A详细图解中数字所示的色线。
4.完成前后片各单元花的钩织后，在肩部近袖窿部分，会空
出一大块位置，这里可以用图C的锁针辫子来填充。这是很
随意的一款衣服，锁针辫子要竖向钩织，从里往外钩，大
概钩7行即可。最后就形成的袖窿，钩织图2描边花样锁
边。
5.衣领部分，后衣领要比前衣领多半个单元花A，
完成拼接后，沿着前后衣领钩一层锁针辫子即
可。
6.衣摆部分，是钩织图C花样来填充前面单元花
拼接形成的凹形，一共10行辫子，两侧同时减
针，辫子的针数可以随着单元花的距离增减的，
是很随意的钩法。
7.最后要注意隐藏各个单元花拼接完成后所留下
的尾线。

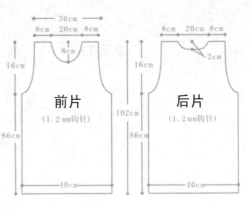

前片（1.2mm钩针）　　后片（1.2mm钩针）

图1 单元花拼接方法

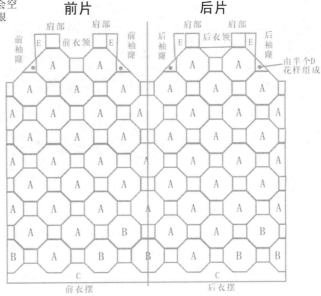

前片　　　　　　后片

✻ 图中B为全用绿色线钩出的单元花A

☐ 方框代表单元花D

✻ 图中E为用如图C的锁针辫子，竖向钩织填充

单元花D

浅紫色线

图C 花边花样图解

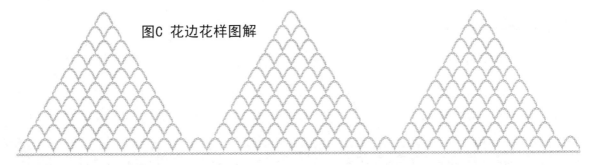

单元花A

① ② ③ 一层用浅紫色线
④ ⑤ 两层用冰蓝色线
⑥ ⑦ 两层用天蓝色线
⑧ 一层用冰蓝色线
⑨ ⑩ 两层用绿色线

图2 袖边花样图解

缤纷的拼花长裙

【成品规格】背心长裙肩至衣摆长96cm，胸围70cm，无袖

【工　具】1.2mm钩针

【材　料】白色丝光棉100g，蓝色60g，土黄色50g，浅粉色30g，浅绿色30g，深橘色50g，浅橘色30g

制作说明：

1. 钩针编织法，这是一款难度相当高的钩衣，花样不规则形成，无一定规律，适合有一定基础的读者来仿织。

2. 衣服由三部分钩织而成，首先钩织单元花，再用网眼花样连接成片，最后横向钩织裙摆。

3. 先将衣身的各个单元花一一钩织出来，各花样颜色依照图2，单元花共有A、B、C、D、E、F、G、H八种花型，将它们按图2的排列，用蓝色线钩织锁针与短针作花茎连接。请注意看图2，花朵排列是分为一组组的，每组之间分别独立，用白色线钩织网眼连接。

4. 各花朵连接方法，前面第3点说到，花朵排列是分为一组组的，各组分别独立，这样连接方法就简单了，先将各组花朵排列需要的形状，然后将各单元花之间的空间，用白色线钩织网眼连接填充，见图3说明，钩织方法随意，无特定规律，要注意不要钩织太大的网眼即可。

将每组花朵间隙填充好后，再填另一组，然后将各组钩织网眼连接，整个衣身的钩织顺序，先从胸部开始，往下摆钩，再往上钩至衣领的减针，这两处边是钩织1行短针锁边的。要注意袖窿的减针和前后衣领的减针，这两处边是钩织1行短针锁边的。

5. 裙摆的钩织。裙摆是独立钩织的，花样图解见图1，相当于裙身是横向，长度适当比裙身要长，连接时也是钩织锁针辫子连接。

6. 最后要注意隐藏各个单元花拼接完成后所留下的尾线。

图1 裙摆花样排列图解

图3

图2 衣身花朵排列图解

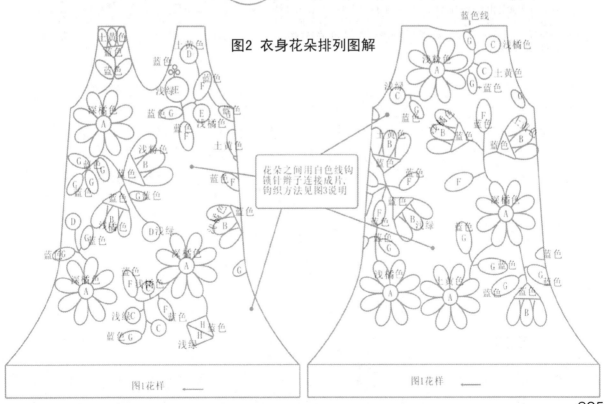

花朵之间用白色线钩锁针辫子连接成片，钩织方法见图3说明

单元花A

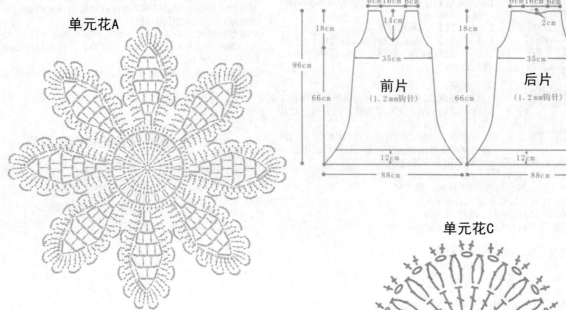

图3花朵间隙钩织说明：
本款衣服的重点及难点就在于花朵间的连接方法，不过，只要掌握其方法及规律，也不成难题了，如图，图解看似乱而无序，其实就是由短针和锁针辫子连接而成，主要变化在于锁针的长度，即针数，无固定针数，一般是由3~6针锁针形成，只要掌握不让锁针辫子空间太大这个规律，就可以很容易钩织出漂亮的连接织片。

单元花C

符号说明：

+	短针
	长针
⊖	锁针

单元花B

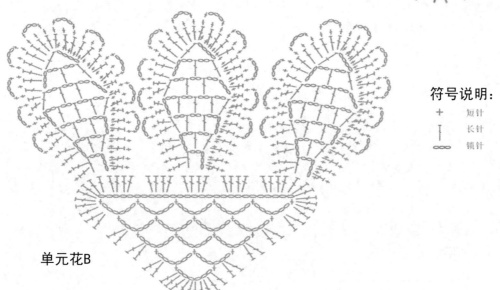

编织特点：
1. 要采用坠感较强的线，不宜太粗，一般采用冰丝线或丝光棉较好。
2. 各花型的颜色要多种，但颜色分配时，要和谐、统一，勿要乱配色，比如，叶子统一用蓝色线，大花朵用颜色较深的，突出重点，其他花瓣要用暖色系，花茎的颜色一般与叶子相同。
3. 连接成片时，锁针辫子形成的空间不要太大，孔太大时，可以将一段分为两段来钩。
4. 钩织花朵的顺序，先从大型钩成，再来连接小型花朵。

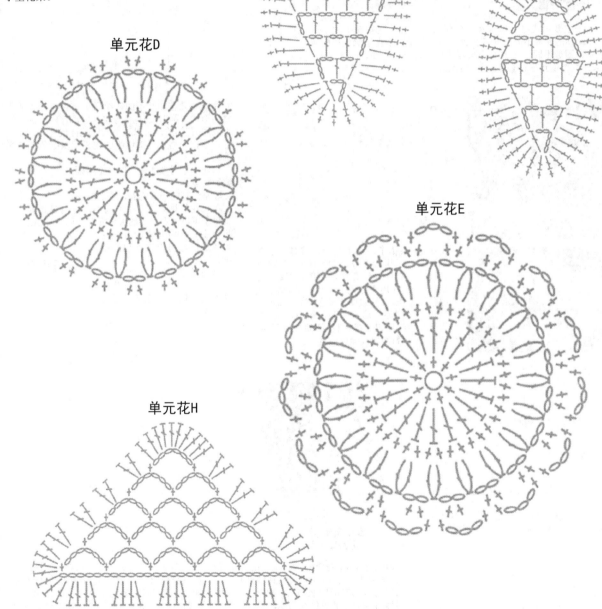

单元花F

单元花G

单元花D

单元花E

单元花H

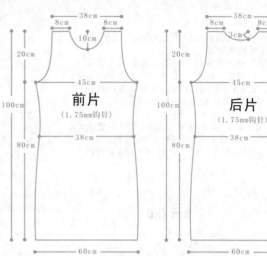

清凉的田园荷叶裙

【成品规格】裙子全长100cm，肩宽38cm，
胸围90cm，腰围76cm，无袖
【工　　具】1.75mm钩针
【材　　料】8股丝光棉线，深绿色300g，
其余多种颜色，每个色至少需要30g。

制作说明：
衣身片制作说明：
1. 钩针编织法，裙子属拼花编织，无规
则钩织方式。
2. 首先将各个单元花钩织出来，单独钩
织，花朵主要由粉色系颜色的线钩织，
如浅黄、黄色、橘黄、白色和粉红等
等、叶子主要由浅绿、深绿和蓝色组成，单元花区别在于大小不
同，即花样的圈数不同、花瓣数目不同，叶子区别在于颜色搭配顺
序不同、圈数不同。详细的钩织方法参照A、B、C、E、F、G、H、
K、M、N数种单元花的图解，亦做了详细说明。

A

说明：整条裙子，除了花朵，就是由这些
圆形的叶子拼成而成，如上图A，起21针
锁针后，起钩长针花样，上图由4圈花样
组成，前3圈用深绿色线钩织，第4圈用浅
绿色线钩织，最后1圈用蓝色线钩1圈短针
锁边。左图亦由这三个颜色组成，前3圈
用深绿色线钩织，第4圈和第5圈用蓝色线
钩织，最后1圈用浅绿色线钩织。

3. 完成单元花和叶子的钩织后，将它们排列成需
要的形状，再用D的花样连接；距离比较小的，钩
不成图D花样的，可以数个长针花样代替，钩织随
意，不拘一格。连接钩织的线采用深绿色的丝光
棉线。
4. 裙摆部分适当加针，以加宽摆幅。

编织特点：
1. 非常漂亮的一款钩衣，钩法随意。
2. 单元花的排列遵循由大到小，再由多到少，这
条裙子可以由右身侧的大单元花，即C单元花，以
此为中心，将其他的单元花
与其连接，再连接其他的小
花朵。
3. 花朵的颜色可以多种多
样，但是在搭配时，花朵适
宜用同一色系，叶子用绿色
系的线来搭配。

符号说明：

+　短针
$\dagger$　长针
◦◦◦　锁针
$\ddagger$　长长针

D

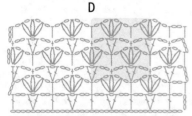

裙子除了花朵与叶子，它们连接是由上
面这个花样组成的，先将各个单元花排
列成需要的形状，再随意地钩织这些花
样连接。浅灰色部分就是一个花样组。

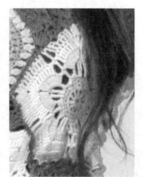

B

说明：这是5个花瓣的单元花，由4个颜色组成，即浅黄，鹅黄，橘黄和白色，起6针锁
针闭合作圈起钩，再加钩4针锁针起高，钩织第1圈长长针花样，每针长长针之间隔一
针锁针，共16针长长针；第2圈和第3圈为短针，其中第2圈48针短针，第3圈64针短
针，前3圈用橘黄色线钩织，第4圈用浅黄色线钩织，第5圈用鹅黄色线钩织，第6圈用
白色线钩织，第7圈用橘黄色线钩织。

C

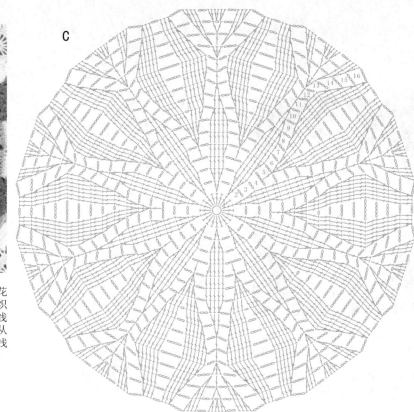

右侧缝边由这个大单元花组成，由两种颜色来钩织完成，中心起用深绿色线来钩织，钩至第13圈。从第14圈到第16圈，改用浅一点儿的绿色线钩织。

E

说明：这个花型由8个花瓣组成，由三种颜色搭配钩织而成，即由黄色、浅黄色和白色组成。首先起6针锁针，再与第1针锁针闭合成圈，再起4针锁针起高钩织第1圈花样，第1圈为长长针花样，共12针，每针长长针之间间隔1针锁针；第2圈是短针，共36针锁针；第3圈为短针，共48针。前3圈用深一点儿的黄色棉线钩织。第4圈用浅一点儿的黄色线钩织，含长长针小蜜枣花样。第5圈用浅黄色线钩织长针花样组合；第6圈用白色线钩织长针花样组合；第7圈钩织一圈短针锁边，用浅一点儿的黄色线钩织。

说明：这个花型由8个花瓣组成，由4种颜色搭配钩织而成。首先起6针锁针，再与第1针锁针闭合成圈；再起4针锁针起高钩织第1圈花样，第1圈为长长针花样，共16针，每针长长针之间间隔1针锁针；第2圈是短针，共48针锁针；第3圈为短针，共64针。前3圈用深一点儿的黄色棉线钩织；第4圈用浅一点儿的黄色线钩织，含小蜜枣花样；第5圈和第6圈，用白色线钩织长长针花样组合；第7圈用浅绿色棉线钩织。

说明：这个花型由7个花瓣组成，由3种颜色搭配钩织而成，即由黄色、浅黄色和白色组成。首先起6针锁针，再与第1针锁针闭合成圈，再起4针锁针起高钩织第1圈花样。第1圈为长长针花样，共12针，每针长长针之间间隔1针锁针；第2圈是短针，共36针锁针；第3圈为短针，共48针。前3圈用深一点儿的黄色棉线钩织；第4圈用浅一点儿的黄色线钩织，含长长针小蜜枣花样；第5圈用浅黄色线钩织长针花样组合；第6圈用白色线钩织长针花样组合；第7圈钩织一圈短针锁边，用浅一点儿的黄色线钩织。

成熟的绿色长裙

图2 单元花拼接方法

【成品规格】背心长裙肩至衣摆长95cm，胸围40cm，无袖
【工　　具】1.2mm钩针
【材　　料】浅绿色和稍深绿色丝光棉，浅绿色100g，深绿色250g

制作说明：
1. 钩针编织法，由大、中、小三种单元花型组合拼接而成。
2. 长裙由大单元花63个，即单元花A和单元花B；中型单元花76个，即单元花C；小型单元花16个组合拼接而成，即单元花D。
3. 首先钩织大单元花，长裙横向一圈由8个大单元花组成，分别由单元花A及单元花B相隔拼接而成，第8个大单元花与最初的第1个单元花连接，这样就形成一个圆圈。
4. 第2步钩织单元花C，在完成的大单元花圆圈的一侧，单元花A与单元花B之间的间隙，钩织单元花C，一圈一共8个。
5. 重复3。但2行之间单元花A与单元花B必须形成相隔的排列，然后再重复4。袖窿下，分别由6行大单元花与6行单元花C拼接而成，但不含衣摆那1行单元花C。
6. 衣摆边单元花C及单元花D的编织，如图2所示。图2为排列示意图，详细拼接方法见图1图解中衣摆的拼接方法。
7. 衣领和袖口的拼接见图1和图2，并参照图解1中的衣边图解钩织花边，整件长裙初步完成。
8. 最后要注意隐藏各个单元花拼接完成后所留下的尾线。

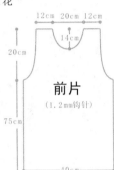

前片
(1.2mm钩针)

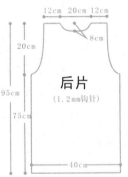

后片
(1.2mm钩针)

单元花A

单元花C

单元花B

单元花D

符号说明：

＋　短针

｜　长针

∾　锁针

图中的中型圆圈均是用单元花C

图中的小型圆圈均是用单元花D

101

袖窿的
拼接方
法及花
边

前衣领的拼接
方法及花边

袖窿的
拼接方
法及花
边

图1 前片花样图解

衣摆的拼接方法

柔美的长袖外套

【成品规格】长袖披肩肩至衣摆长30cm，
胸围78cm，袖长38cm，肩宽44cm
【工　　具】1.2mm钩针
【材　　料】白色、淡粉、淡黄、深黄
丝光棉共220g，其中淡粉色线70g，
其他各50g

制作说明：
1. 钩针编织法，由4种颜色的丝光棉
线钩织而成，花样相同，颜色不同。
2. 衣服由16个白色单元花A，13个淡
黄色单元花A，17个深黄色单元花A，
20个淡粉色单元花A，再加上3个半型
白色单元花A和2个半型淡黄色单元花A拼接而成，详细拼接方法
见图3单元花拼接方法。
3. 首先从衣摆处的第1行单元花钩织开始，共9个，然后1行1行地
往上拼接，按照图3的方法拼接，衣身成胚形。
4. 钩织8个单元花B，用于填充第1行单元花形成的凹形。
有2个是用于衣襟边处的凹处填充，与单元花的拼接
方法是钩织锁针辫子，将2个单元花连接。
5. 钩织衣领花样，见图1中所示的衣领钩织起始处
起，沿着前后衣领边钩织衣领花边，详细图解见
图5衣领花边图解。
6. 从两侧衣领的起始处和终端之间，沿着前衣襟
边、前后衣摆边钩织花边，详细图解见图4衣摆衣
襟花边图解，两袖口边也是钩织图4花样。
7. 最后要注意隐藏各个单元花拼接完成后所留下
的尾线。

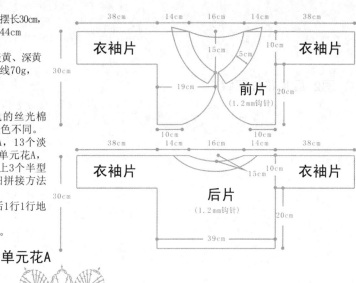

单元花A

图4　衣摆衣襟花边图解

图3　单元花拼接方法

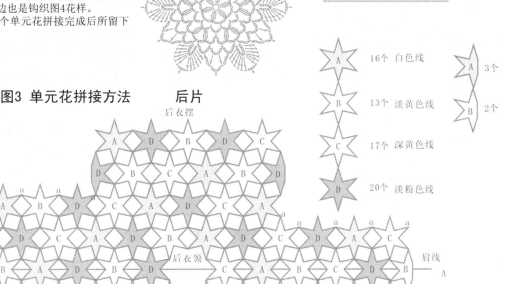

A 16个 白色线
B 13个 淡黄色线
C 17个 深黄色线
20个 淡粉色线

A 3个
B 2个

符号说明：

┼ 短针
┬ 长针
∞ 锁针

图2 后片花样图解

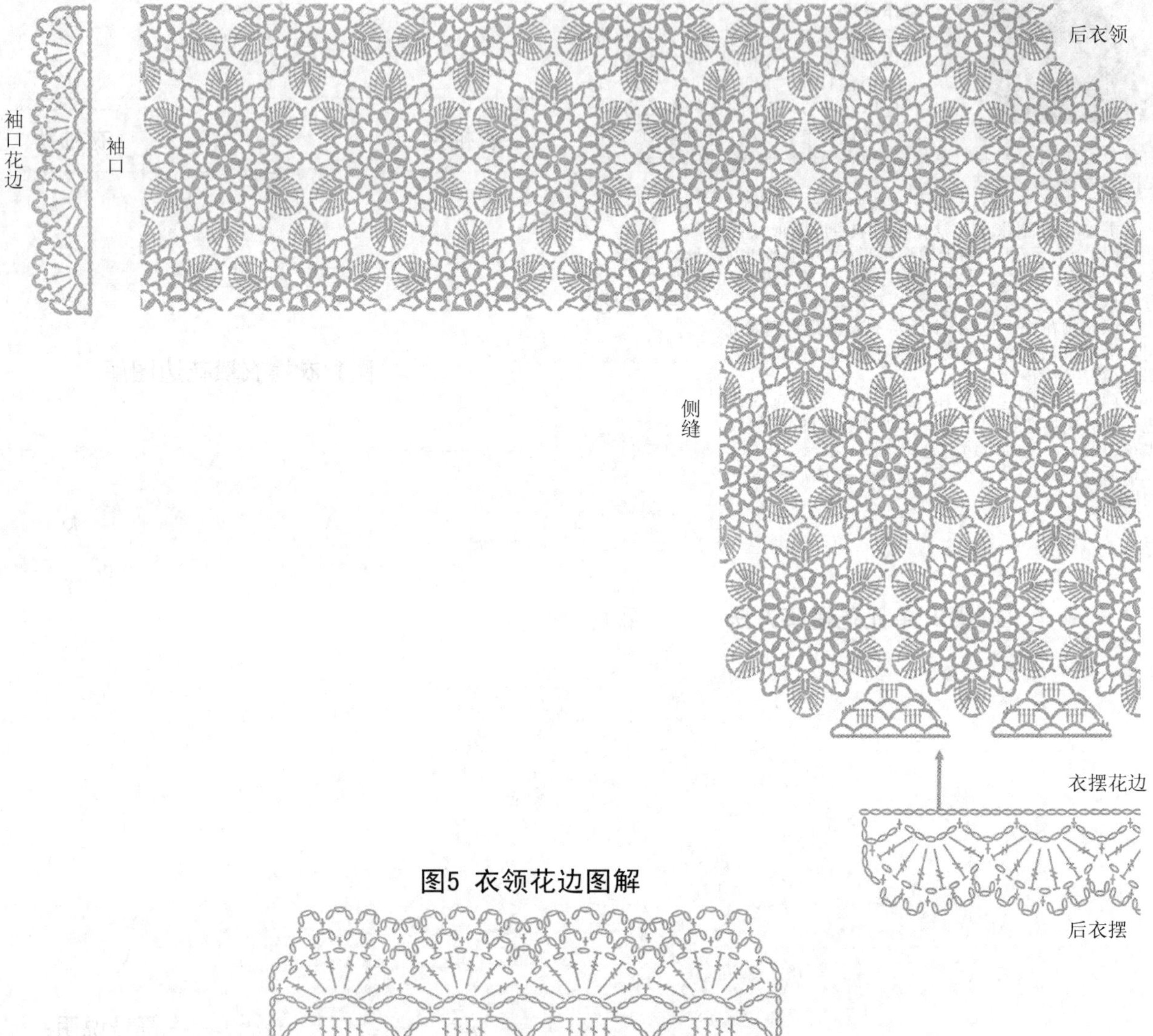

袖口花边

袖口

后衣领

侧缝

衣摆花边

后衣摆

图5 衣领花边图解

104

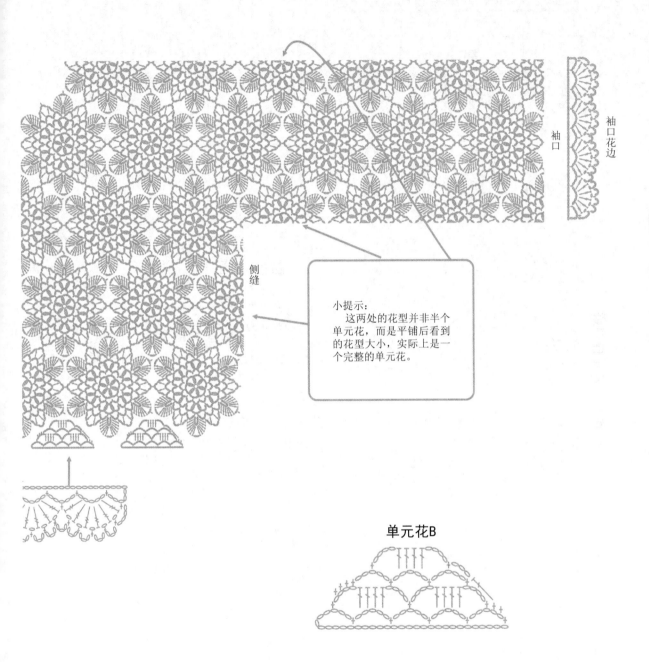

袖口

袖口花边

侧缝

小提示:
　这两处的花型并非半个
单元花,而是平铺后看到
的花型大小,实际上是一
个完整的单元花。

单元花B

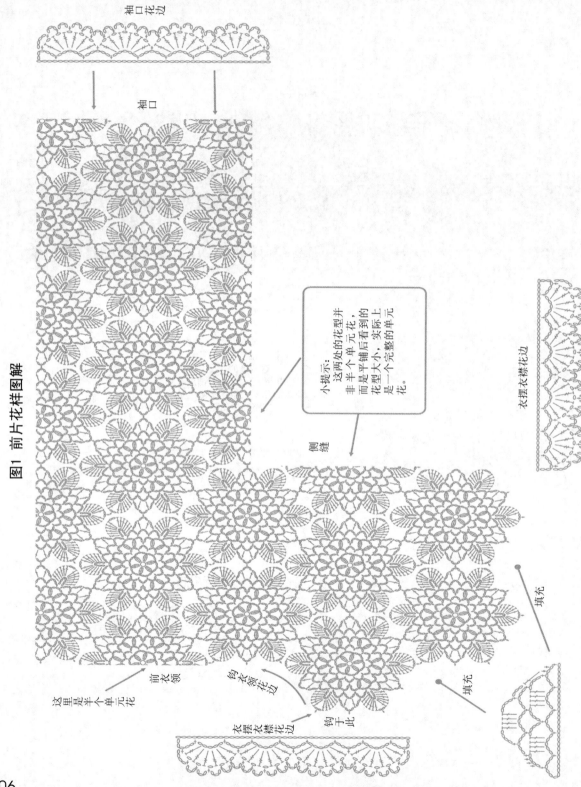

图1 前片花样图解

袖口花边

袖口

小提示：这两处的花型并非半个单元花，而是平铺后看到的花型大小，实际上是一个完整的单元花。

侧缝

衣摆衣襟花边

填充

填充

这里是半个单元花

前衣领

钩衣领花边

钩于此

衣摆衣襟花边

衣摆衣襟花边

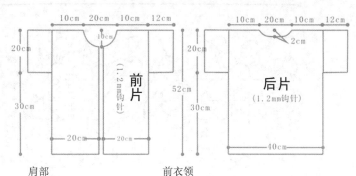

甜美的多彩小外套

【成品规格】短袖开襟背心衣长52cm(含花边)，肩宽40cm，袖长12cm
【工　具】1.2mm钩针
【材　料】丝光棉线，浅黄色、深黄色、深粉红色、浅粉红色、洋红色、橘红色各30g，白色、灰色、深棕色、浅棕色各20g

衣袖　　　　　肩部　　　　　前衣领

符号说明：

＋　　短针
｜　　长针
○○○　锁针

图1 前片花样图解

制作说明：

1.钩针编织法，由同一种花样、不同配色的单元花组合而成。

2.背心由46个单元花和2个半型单元花组成，2个半型单元花形成前衣领，单元花的配色花样共有6种，即A、B、C、D、E、F六个配色。

3.每个单元花都是单独钩织的，只在最外一层，将需要连接的一面用引拔针连接。先从前片开始，从下摆的第一个单元花开始钩织，即配色排列图中的前衣摆边的配色D花样，然后按照配色排列的顺序，一个一个钩织，并连接。

4.前衣领钩织半个配色F和半个配色D形成。

5.后片的钩法是与前片连续一起钩织并拼接完成的。

6.完成各部分拼接后，分别于两袖边钩织图3花边花样，沿着前后衣领边、前衣襟边和前后衣摆边也钩织图3花边花样，全用浅棕色线钩织。

7.最后要注意隐藏各个单元花拼接完成后所留下的尾线。

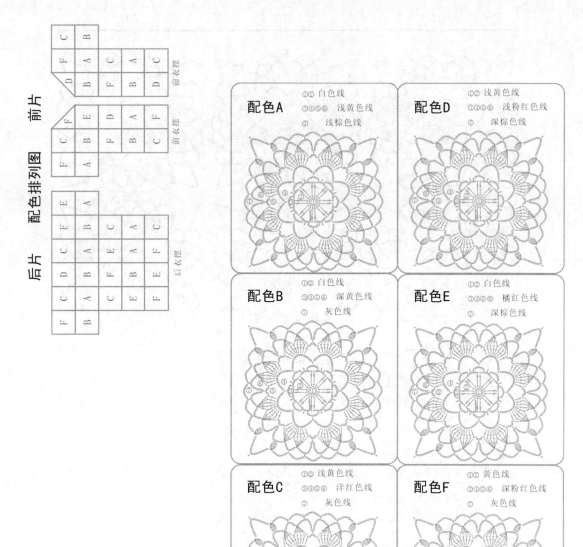

配色A
①② 白色线
③④⑤⑥ 浅黄色线
⑦ 浅棕色线

配色D
①② 浅黄色线
③④⑤⑥ 浅粉红色线
⑦ 深棕色线

配色B
①② 白色线
③④⑤⑥ 深黄色线
⑦ 灰色线

配色E
①② 白色线
③④⑤⑥ 橘红色线
⑦ 深棕色线

配色C
①② 浅黄色线
③④⑤⑥ 洋红色线
⑦ 灰色线

配色F
①② 黄色线
③④⑤⑥ 深粉红色线
⑦ 灰色线

图3 花边花样图解

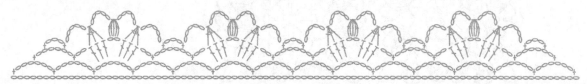

清爽款菠萝花短袖上装

【成品规格】胸围88cm，长度70cm，袖子22cm
【工　　具】3.0mm钩针
【材　　料】丝光棉700g

制作说明：
1. 如右图，从领口开始往下钩，总共10行菠萝花，按照菠萝花样钩前片1片、后片1片。
2. 袖子从袖山往袖口钩，排列3行菠萝花，第1行2个菠萝花，第2行3个菠萝花，第3行4个菠萝花。
3. 领口钩2行短针。

符号说明：
+ 短针　　T 中长针
。锁针　　f 长针

尺寸图

10cm　18cm　10cm
22cm
17cm
领口
菠萝花样
44cm
菠萝花样
53cm
前片
后片
向下钩

菠萝花样

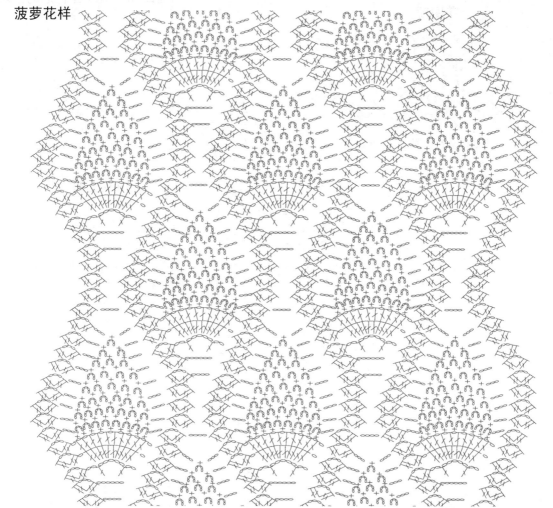

111

耀眼的喜庆红外套

【成品规格】衣长42cm，胸围94cm，袖长46cm
【工　　具】1.75mm钩针
【材　　料】1股羊绒线350g

制作说明：
1.按照花的图解钩花，起7针
锁针圆心，在圆心里面钩16
针长针，每2针长针中间间隔
3针锁针，再钩4行渔网针，最后1行钩8个小圆在
花上面。
2.按照拼花方法拼前片、后片、袖子，衣身有5行
拼花的高度。
3.按照袖口和外围的花边钩法钩衣服花
边。

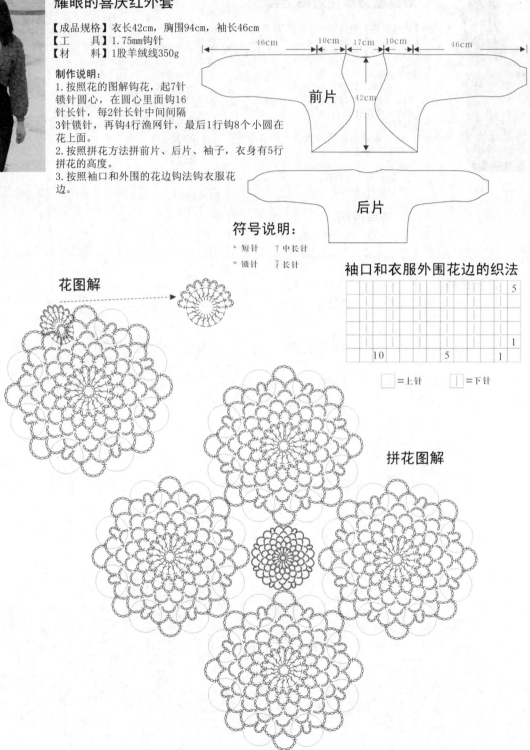

前片

后片

符号说明：
+ 短针　　T 中长针
。锁针　　T 长针

袖口和衣服外围花边的织法

□＝上针　　｜＝下针

花图解

拼花图解

素雅的白色短袖上衣

【成品规格】胸围90cm，衣长62cm
【工　　具】1.5mm钩针
【材　　料】植物绒棉

制作说明：

1. 按照花图样钩花，花图样总共8行。然后按照衣身图样钩衣服的前片和后片各1片。
2. 前后片各6行花，前片领口缺口2个花，每行花前后片一起是8个。
3. 从肩到袖口是3行花，袖口的宽度是3个花连接在一起。
4. 在领口钩1行花边。

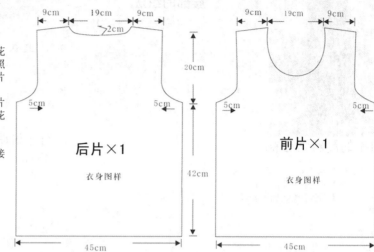

9cm　19cm　9cm

2cm

20cm

5cm　　　　　5cm

后片×1

衣身图样

42cm

45cm

9cm　19cm　9cm

5cm　　　　　5cm

前片×1

衣身图样

45cm

花图样

符号说明：
+ 短针　　⊤ 中长针
⌒ 锁针　　Ŧ 长针

袖子×2
衣身图样

22cm

28cm

衣身图样

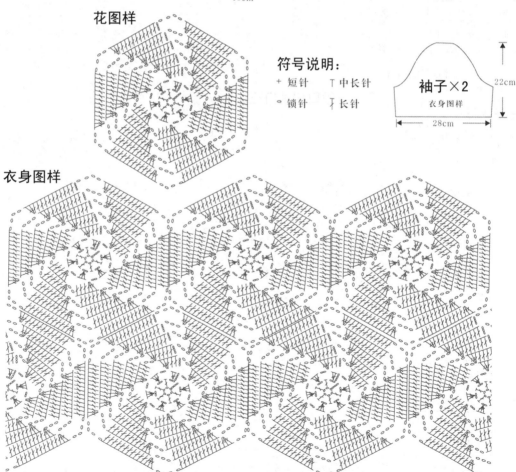

领口花边

113

腰部的织法

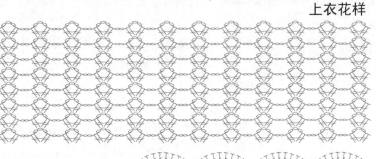

尺寸图

上衣
领口 44cm
腰部 33cm

裙子

闪亮的高雅背心裙

【成品规格】胸围88cm，长度92cm
【工　　具】1.5mm钩针，棒针
【材　　料】1股金丝线加天蚕丝 500g

□=上针　｜=下针

符号说明：

十 短针　T 中长针
○ 锁针　₮ 长针

制作说明：
1. 如上图，先用棒针编织一个长度为66cm、宽度为8cm的长方形，头尾相接，就成了腰部。
2. 按照上衣花样，用钩针钩织，从腰部到领口为20行，从领口到肩为20行。
3. 按照裙子花样，钩9行菠萝花样。
4. 钩领口和袖口花边。

上衣花样

领口和袖口花边

裙子花样

古朴的长袖上装

【成品规格】胸围90cm，长度78cm，袖子54cm
【工　　具】2.0mm钩针
【材　　料】三七线750g

制作说明:

1. 如图，钩前片2片，从下摆往上钩，
按照衣身图样，从下摆到胸围钩10个模
样，从胸围到肩钩5个模样。后片1片，
从下摆往上钩15个模样的长度。
2. 袖子从袖口开始钩，从袖口到肩是10
个模样的长度。
3. 按照花边图样钩袖口、领口、门襟的
花边，花边的高度是9行长针。

符号说明:

+ 短针　T 中长针

° 锁针　⊥ 长针

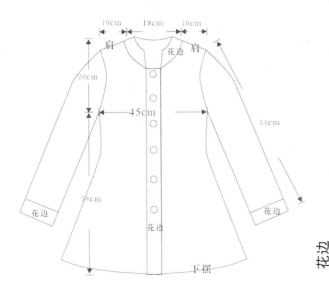

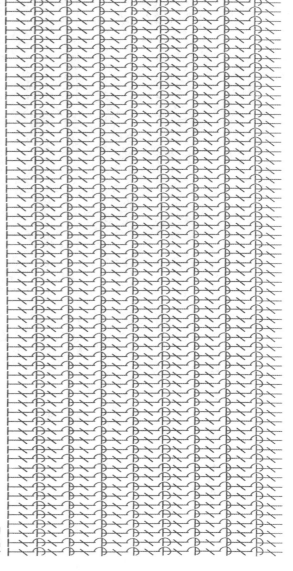

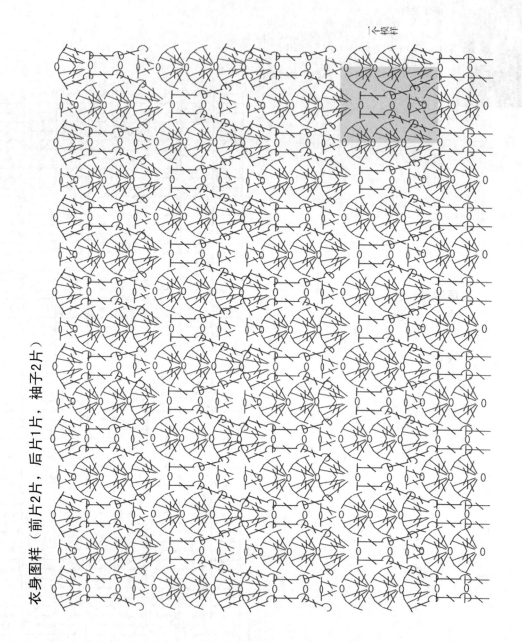

衣身图样（前片2片，后片1片，袖子2片）

1个模样

高贵的气质连衣裙

【成品规格】 胸围74cm，衣长92cm
【工　　具】 1.25钩针
【材　　料】 8号蕾丝线300g

制作说明：

1. 起头240针，钩3圈长针。
2. 第4圈钩花样，12针一花样。如图
上半身花样图解。
3. 第2圈的花样钩到第3个，就
是总体的第4留袖子，两边
各空出4个花，腋下各起33针，
2个花样，这样胸围是74cm。100g
蕾丝线只能钩个小背心。

4. 从领口到腰钩11行扇形花后开始换钩贝壳针，一个扇形上钩
4个贝壳（也可以直接钩5个，这样钩到中间就不用加针了），到中
间每个贝壳上再加一个贝壳。
5. 身长钩到膝上部位，长度定为92cm，钩够贝壳针后转为花样
针。花样是2个贝壳针钩一个扇形针，一共钩8行。最后走一圈
短针就完成了。蕾丝线是种有筋骨的线，比较挺，但不会感觉
不舒服，这样钩出来的裙摆才会不太显身材的缺陷。

胸围37cm×2cm

腋下
起33针锁针
排列两个花

扇形花

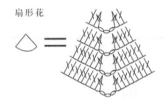

符号说明：

- ＋ 短针
- ○ 锁针
- Ｔ 中长针
- Ｆ 长针

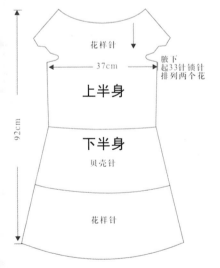

花样针

37cm

腋下
起33针锁针
排列两个花

上半身

下半身

贝壳针

花样针

92cm

下半身

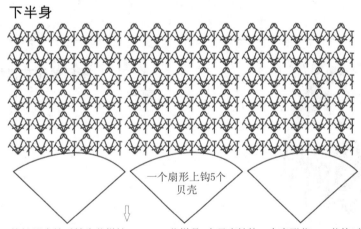

一个扇形上钩5个
贝壳

钩够贝壳针后转为花样针 ⇒ 花样是2个贝壳针钩一个扇形花，一共钩8行

117

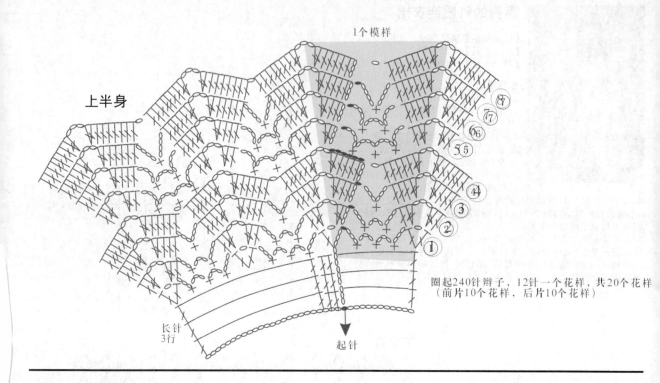

上半身

1个模样

⑧
⑦
⑥
⑤
④
③
②
①

圈起240针辫子，12针一个花样，共20个花样
（前片10个花样，后片10个花样）

长针
3行

起针

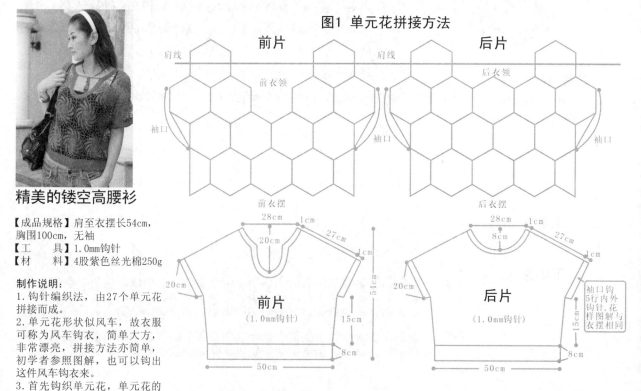

图1 单元花拼接方法

前片

肩线
前衣领
袖口
前衣摆

后片

肩线
后衣领
袖口
后衣摆

28cm 1cm
27cm
20cm
1cm
20cm
前片
（1.0mm钩针）
51cm
15cm
8cm
50cm

28cm 1cm
8cm
27cm
1cm
20cm
后片
（1.0mm钩针）
15cm
8cm
50cm

袖口钩
5行内外
钩针，花
样图解与
衣摆相同

精美的镂空高腰衫

【成品规格】肩至衣摆长54cm，
胸围100cm，无袖
【工　　具】1.0mm钩针
【材　　料】4股紫色丝光棉250g

制作说明：
1.钩针编织法，由27个单元花
拼接而成。
2.单元花形状似风车，故衣服
可称为风车钩衣，简单大方，
非常漂亮，拼接方法亦简单，
初学者参照图解，也可以钩出
这件风车钩衣来。
3.首先钩织单元花，单元花的

图解见图2，图2共三个单元花，每个钩法是相同的，只需要学会一个的钩法即可。

4.见图1，图1为钩衣的整体连接示意图，从衣摆起，共三层单元花，每层各8个花型，另外加上两肩部的2个单元花，前片第3行中间减少一个花型，总共27个花型组合。先从衣下摆起拼接，一层一层往肩部钩，每个单元花之间的空隙，用图2中的连接方法来填充钩织。

5.完成衣身的拼接后，衣摆边在用图2的方法钩织填充好花型间的空隙后，再沿边钩一层短针，然后往下钩内钩针与外钩针花样，详细图解见图2。衣摆共钩织16行内外钩针花样。同样的方法，沿着衣领与袖口边，钩织相同的花样，只是内外钩针的花样不同。

只需要钩织5行。

6.钩织两段系带，长度约15cm，一端钩织一朵小花，另一端分别缝合于前衣领的两边，系带钩织方法见系带图解。

7.最后要注意隐藏各个单元花拼接完成后所留下的尾线。

编织特点：

1.非常漂亮的一款钩衣，形状似风车，很特别。

2.单元花花型比较大，不适合使用较粗的线钩织，太粗的线不能突出风车的效果。

3.钩织好第一个单元花后，在钩织第二个单元花的最外一层时，用引拔针与第一个单元花连接。最外一层的长度一定要适当，否则会显得整体不平整。

符号说明：

+ 短针

| 长针

∞ 锁针

} 外钩针

{ 内钩针

| 长长针
(绕两次)

系带图解

图2 衣身各边缘
连接方法图解

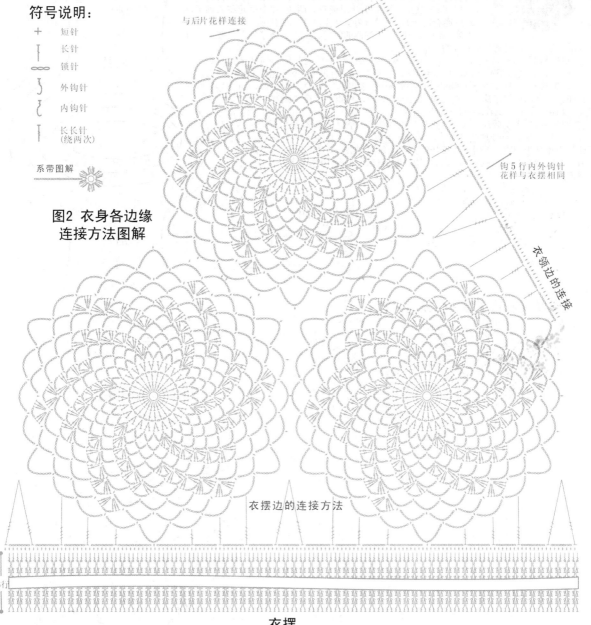

与后片花样连接

钩5行内外钩针
花样与衣摆相同

衣领边的连接

衣摆边的连接方法

16行

衣摆

优雅的淑女连衣裙

【成品规格】胸围90cm，衣长97cm，袖长20cm
【工　　具】2.75mm棒针，1.5mm钩针
【材　　料】意大利金丝棉线320g
【编织密度】37针×46行=10cm²

制作说明：

1. 作品由抵肩及前后片组成。先织抵肩镂空花样，用单股线按单元花样针法图钩织18个单元花，围成领圈。第1圈单元花钩好后，第2圈时将两侧肩部各旋转45°。后排放1个单元花(结构图中的灰色阴影部分)，这样第2排就为20个单元花。当第2排钩完，正中间5个单元花往下挑针织正身。两边各3个单元花为袖子，前后连着钩一共6个单元花，共钩3排。左右袖均一样。注意：钩第1圈单元花时，靠领侧的2个角上的9针辫子针，只要钩一针就行了，这样可以起到收小衣领的作用。

2. 从抵肩外沿用双股线挑针往下织正身。挑针方法：每个单元花钩4×4针锁针(每花共16针)，总共11个单元花，44打4针锁针。与领口平行的有5个单元花(每花4组)，每组挑3针下针，20×3=60针。两边斜肩处共24组，每组挑4针下针，24×4=96针，全部挑起在针上，然后先织上面的60针，每织到行尾挑织2针，正面反面都挑，这样一共织48行，全部挑完为止。

3. 前片织完后，再织后片，按前片一样的挑针织完，再不加不减织4cm，前后片拢圈织，圈织的时候挂肩处单元两边各平放6针，这样圈织一共168针下针。不加减织到胯部的时候开始加针，两侧每8行加2针，共7次，这时针数为182针。织到约90cm处结束收针，钩一圈短针，便于跟下摆的两排单元花样连接。

4. 身子全部完成后，袖口再钩一圈单元花，原来有6个，再在后片加长部分钩出1个花，腋下平放处钩1个花，总共8个花。

符号说明：

◯ 锁针		╪ 长针
● 引拔针		↑ 编织方向
✕ 短针		

🌸 狗牙针(先钩3针锁针，回到起点处再钩1针引拔针)。

单元花样拼接方位及针法图：

花边针法图：

单元花样针法图：

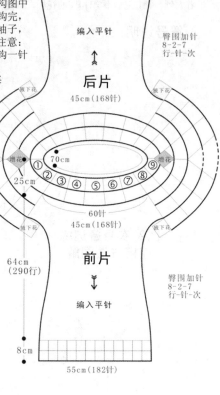

結構图标注（后片/前片）：
55cm(182针)
编入平针
后片
45cm(168针)
臀围加针 8-2-7 行-针-次
领下花
增花 70cm
①②③④⑤⑥⑦⑧⑨
25cm
60针 45cm(168针)
前片
64cm(290行)
编入平针
8cm
55cm(182针)
臀围加针 8-2-7 行-针-次
4cm